火山的类型

U0854503

苏特塞式喷发

关键特征

- 水下火山在水面具有爆炸性地喷发
- 会喷发出火山灰和被称为“火山渣”的较大碎片
- 可能形成新的岛屿

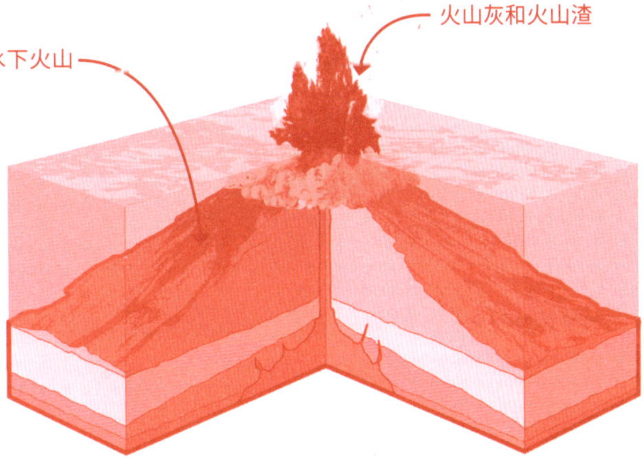

斯通博利式喷发

关键特征

- 具有喷发性
- 韵律性喷出火山渣并产生爆炸
- 短暂的火山灰云

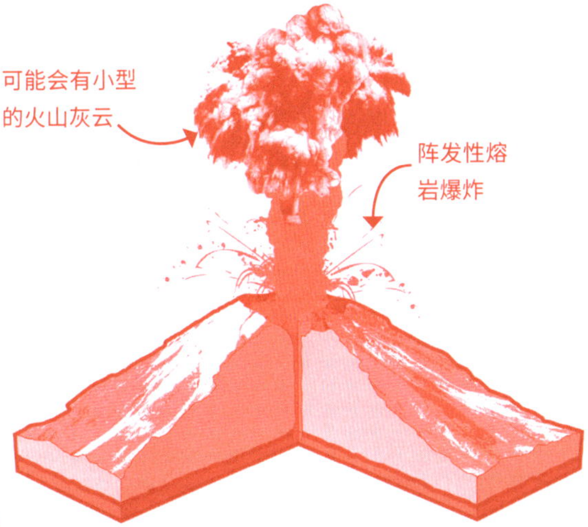

武尔卡诺式火山喷发

关键特征

- 具有喷发性
- 有火山碎屑流或火山烟柱
- 会产生熔岩爆炸
- 最后可能引发熔岩流

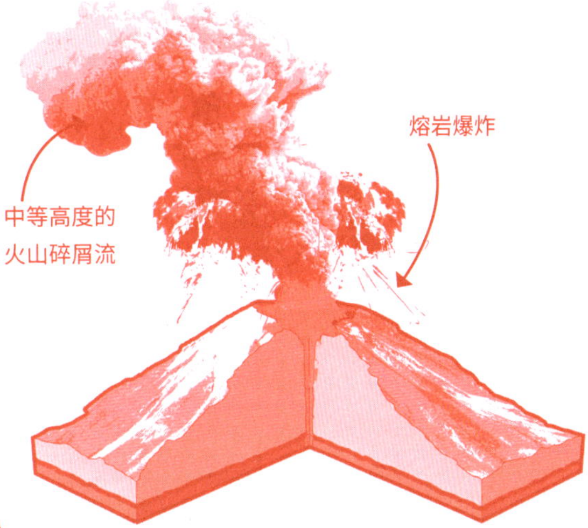

我想了解的东西：

DK 小科学馆

火 山

英国 DK 公司 编著 叶红婷 赵薇 译

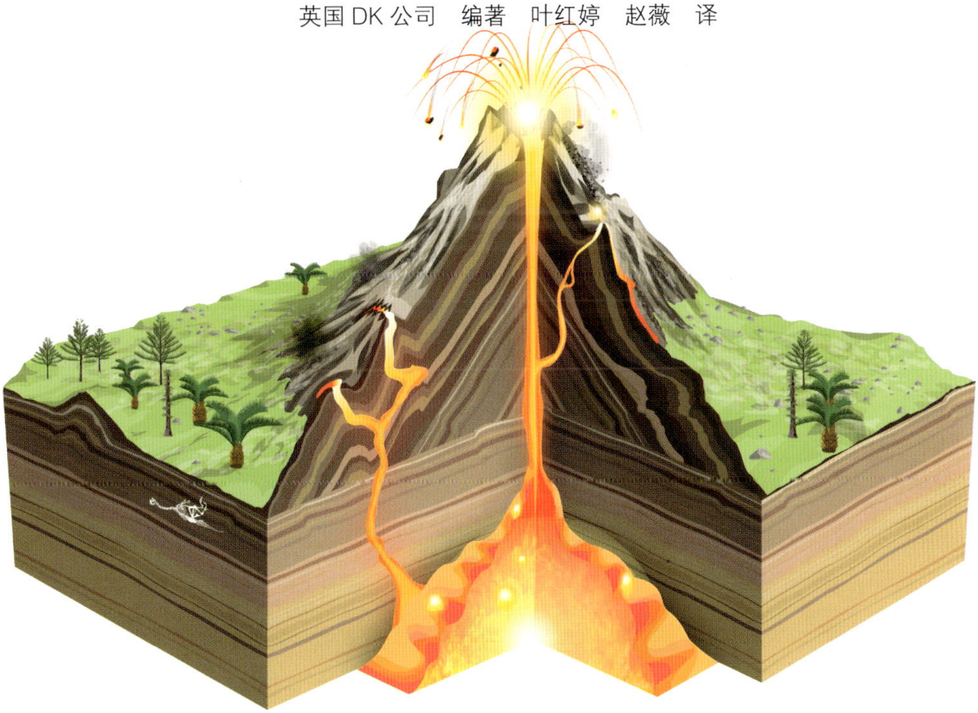

中信出版集团 | 北京

DK Penguin Random House

图书在版编目（CIP）数据

DK小科学馆. 火山 / 英国DK公司编著；叶红婷，赵薇译. -- 北京：中信出版社，2020.12（2021.6重印）
书名原文：DK Findout! Volcanoes
ISBN 978-7-5217-0828-8

Ⅰ. ①D… Ⅱ. ①英… ②叶… ③赵… Ⅲ. ①科学知识—儿童读物 ②火山—儿童读物 Ⅳ. ①Z228.1 ②P317-49

中国版本图书馆CIP数据核字（2019）第149385号

DK小科学馆 · 火山

编　　著：英国DK公司
译　　者：叶红婷　赵薇
出版发行：中信出版集团股份有限公司
（北京市朝阳区惠新东街甲4号富盛大厦2座　邮编　100029）
承 印 者：当纳利（广东）印务有限公司

开　　本：787mm × 1092mm　1/16　　印　　张：4　　字　　数：100千字
版　　次：2020年12月第1版　　印　　次：2021年6月第2次印刷
京权图字：01-2018-7707
书　　号：ISBN 978-7-5217-0828-8
定　　价：36.00元

本书作者为玛丽亚 · 吉尔，顾问为罗伯特 · 丁威迪。

出品　中信儿童书店
策划　红披风
策划编辑　刘莲
责任编辑　郝兰
营销编辑　马英　谢沐　严婧　刘天怡
装帧设计　颂煜文化
封面设计　哈_哈　李一

For the curious
www.dk.com

目录

苏拉家雉

飞喷泉

放大镜

英安岩

浮石

玄武岩

魔鬼塔

1883 年，印度尼西亚的喀拉喀托火山喷发，
火山喷发的声音，远在 4800 千米的地方都能听到。

什么是火山？

火山，是地球表面的一道裂缝，这种裂缝往往位于高山的顶部。被熔化的滚烫岩石会从中喷发出来，这些熔化的岩石就是人们所称的岩浆。岩浆从火山口中流出后，就被称为熔岩流。岩浆还会爆开形成比较细微的颗粒，这些颗粒连同岩浆释放出的一些气化物，形成云状物，被称为火山灰。

美国阿拉斯加州的克利夫兰山

哥斯达黎加的伊拉苏火山

并不是所有的火山看起来都一模一样。有的火山是被皑皑白雪覆盖的高山，还有一些火山有巨大的火山口，火山口中往往会形成湖泊。有些火山是小岛，还有一些则完全位于海底。

火山喷发

火山喷发是指在地下积聚的岩浆通过火山口喷发出来。火山喷发可能会一直持续到岩浆房彻底排空。

哇哦！

世界上每年大约有 60 座火山喷发！

活火山、休眠火山还是死火山？

活火山：现在正在喷发或即将喷发，或者在过去的 1 万年间至少喷发过 1 次的火山。

休眠火山：沉睡中的火山。在有记录的历史上从没有喷发过，但可能会喷发。

死火山：永远都不会再次喷发的火山。在火山下面没有任何岩浆了。

想了解更多知识，请看第 48—49 页。

地球的内部

我们的地球分为几层。地球最外面的一层被称为地壳，地壳漂浮在一层滚烫的岩石上，这层岩石叫作地幔。厚厚的地幔层又被分成半固态的上地幔和固态的下地幔。地球的中心是一个金属核，推测由外部的液体层和内部的固态球体组成。当地幔中的岩石熔化，从地球表面的裂缝喷涌而出时，火山就形成了。

地球剖面图
如果我们把地球剪成两半，地球内部是什么样子的呢？请看下面这张图。

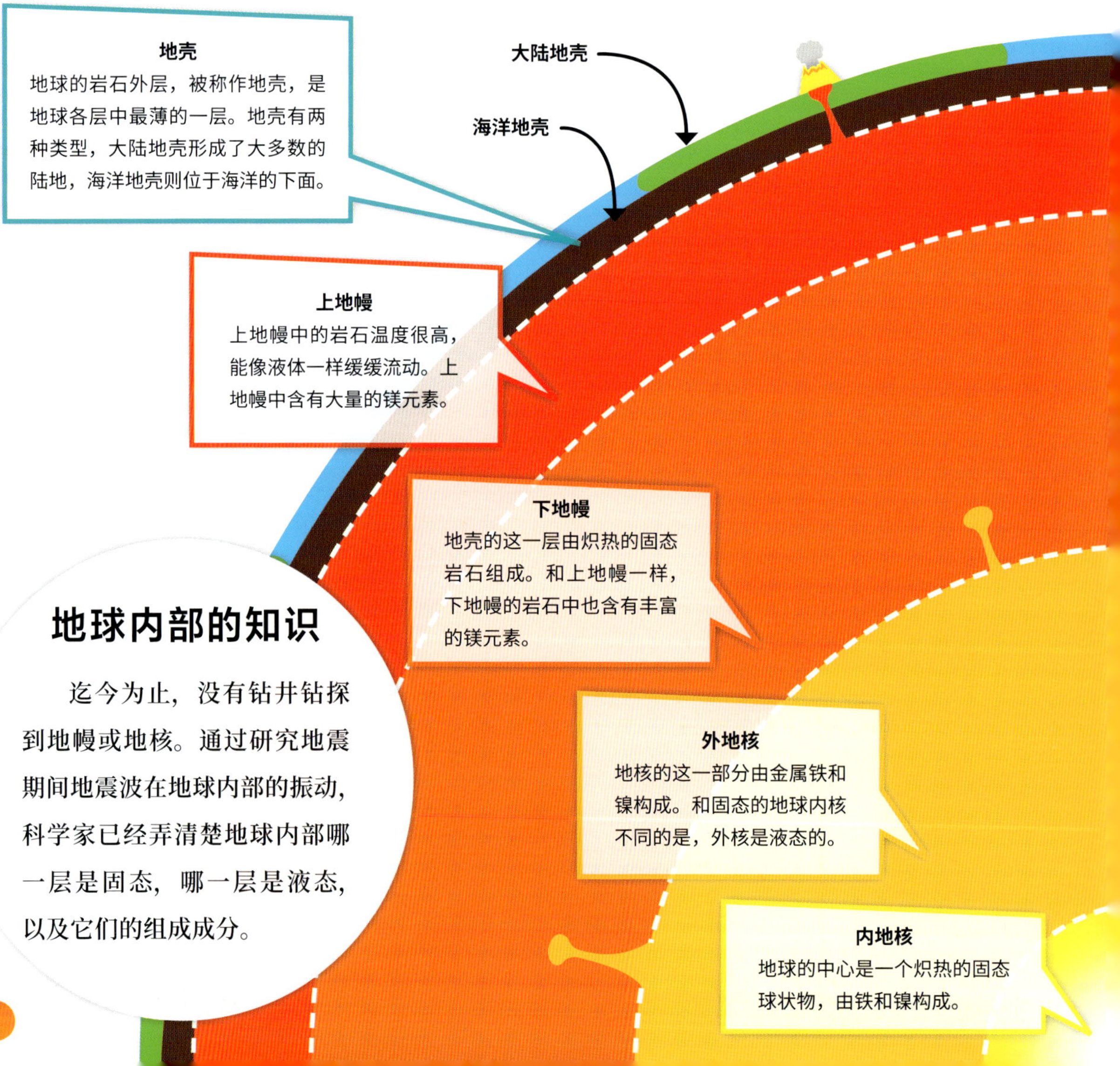

地球内部的知识

迄今为止，没有钻井钻探到地幔或地核。通过研究地震期间地震波在地球内部的振动，科学家已经弄清楚地球内部哪一层是固态，哪一层是液态，以及它们的组成成分。

热点

在世界上的一些地方，地幔柱会穿透地球的地壳，喷发出来，形成新的火山。这些地方被称为热点。

地幔柱

一些科学家认为，熔岩或岩浆形成的柱状物会从地核与地幔交界处向上涌。这些熔岩或岩浆可能最终到达地壳，形成热点。

感受压力

当你潜到游泳池的底部时，你的耳朵可能会痛。之所以会有这样的感觉，是因为压力大增，水的重量把你向下压。同样的道理，在地球内部，往下探得越深，受到的压力就会越强，当向上返回地面的时候，压力会减小。当熔化的岩石或岩浆在地球内部向上涌的时候，随着压力减小，其中的气体会形成气泡。如果这种岩浆从火山中喷发出来，冷凝后会形成多孔的岩石，它重量很轻，比如浮石。

一位潜水员在调整自己，以适应水下的压力。

这是真的吗？

地球内核的温度大概在6000℃。

地球拼图

地壳，或者说地球的最外层，被分成几大块，它们被称为板块。这些板块组合在一起，就像一个巨型七巧板一样。这些板块移动的速度慢得令人难以置信，但是非常有力度。在这些板块相交处，往往会发生火山喷发和地震。

一位潜水者在两块正在移动分开离散的板块间游泳。

板块与板块边界

美国加利福尼亚州的圣安德烈斯断层周边时常发生地震。

板块是如何移动的？

科学家们认为，地球内部滚烫的岩浆一刻不停地缓缓流动，促使板块漂移。而地核散发出的热量促使岩浆流不断移动。

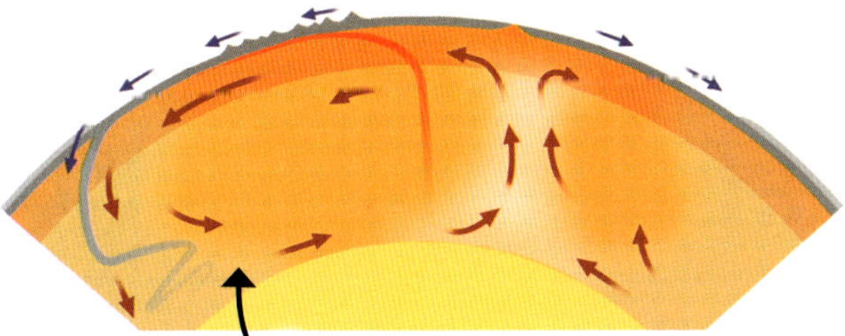

热流
在地壳下面，炽热的岩浆不停地循环流动，来回拖动上覆的地壳。

地球的板块

» **关键词**

- 环太平洋火山带
- 板块边界
- 火山

1. 菲律宾海板块
2. 澳大利亚板块
3. 太平洋板块
4. 北美洲板块
5. 科科斯板块
6. 加勒比板块
7. 纳斯卡板块
8. 南美洲板块
9. 南极洲板块
10. 斯科舍板块
11. 非洲板块
12. 欧亚板块
13. 阿拉伯板块
14. 印度板块

板块边界的类型

在板块的分界处或边缘，可能会出现以下三种情况中的一种：板块移动分离，板块相互碰撞，相互错开滑动。有些板块上承载着大陆。在过去的数百万年间，缓慢移动的板块承载着陆地横跨整个世界。火山常常出现在板块边界的地方。

离散边界

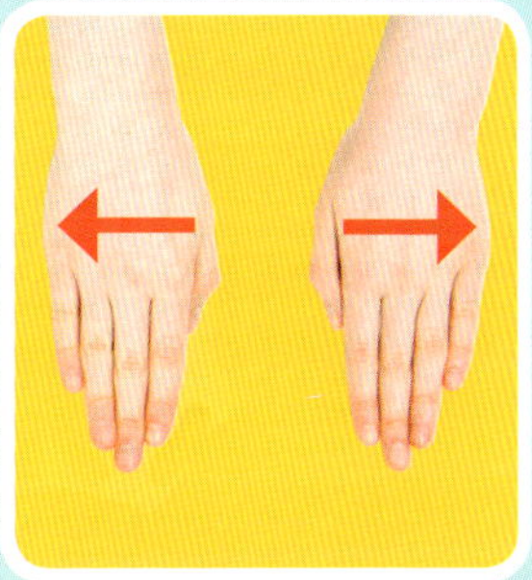

在离散边界上，两块板块移动分离。当它们这样移动的时候，就会形成火山，喷发岩浆并产生新的地壳。在陆地上，这种边界被称为裂谷，比如东非大裂谷。在海洋中，这种边界被称为洋脊，比如大西洋中脊。

汇聚边界

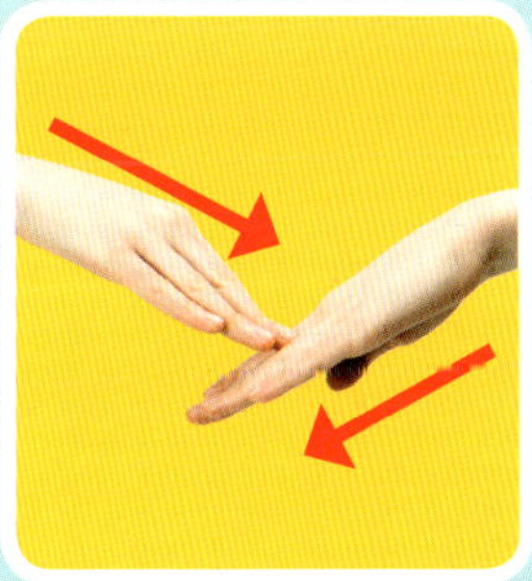

在汇聚边界上，两块板块会互相碰撞。其中一个板块会俯冲到另一个板块下面。如果一个板块在海洋中俯冲到了另一个板块的下面，在两个板块的交界处就会形成一排火山，就像我们在形成环太平洋火山带的边界看到的一样。

转换边界

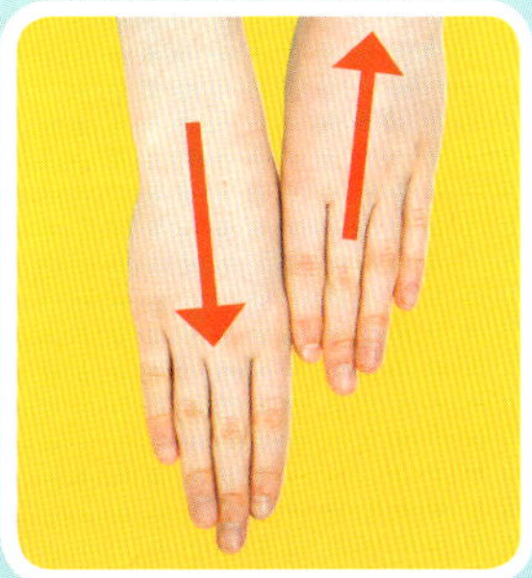

在转换边界上，两个板块相互错开。有时它们会卡住，如果它们卡住的时间太长，板块间的压力会逐渐增大，直至它们猛地分开，这可能会引发地震。位于美国的圣安德烈斯断层就属于转换边界。

火山的种类

提起火山，你很有可能会联想到一个四面陡峭，正在不停地喷射出又红又热的熔岩或是大团大团的火山灰的圆锥体。其实，火山可以分为很多类型，有些有巨大的火山口，里面是一个湖泊。还有一些火山坡度平缓，上面覆盖着软乎乎的泥巴，而不是喷射出的火山岩。让我们来看看以下四种火山类型，每种举两个例子。

哇哦！

“破火山口”一词，在西班牙语中是“大汽锅”或者“汤锅”的意思。

火山锥

火山锥是最小的，也是最常见的火山类型。它们由冷却的熔岩碎片——灰烬组成。旁边常常会形成更大的火山。

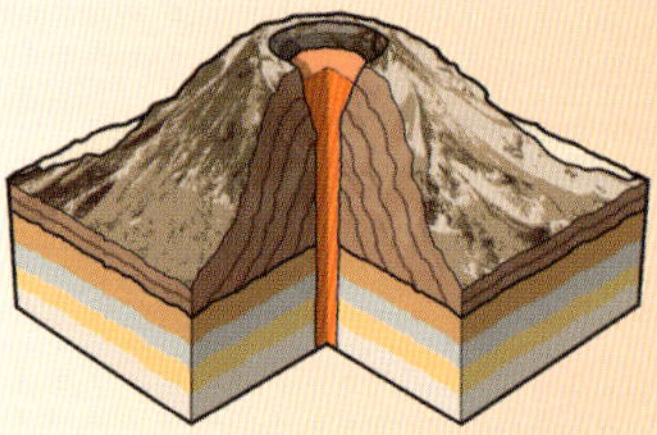

成层火山

这种火山名字中的“成层”二字意思是“分层”。它的锥体非常陡峭，由火山多次喷发时喷射出的大量熔岩和灰烬组成。

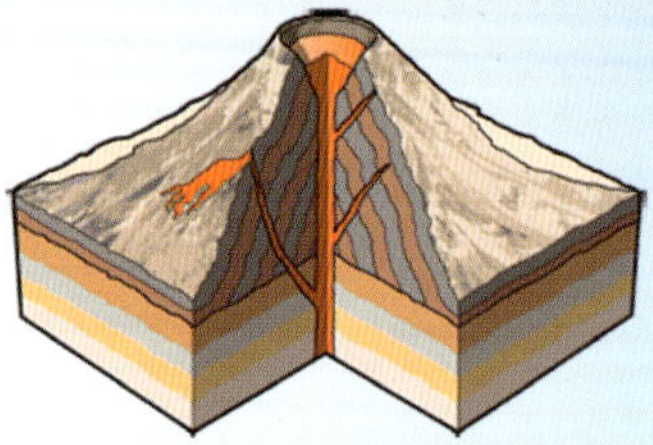

破火山口

人们将巨大的火山喷发口称作破火山口。当成层火山的顶部发生坍塌时，就会形成破火山口。大量的熔岩或岩浆在地下慢慢积聚，最终从成层火山口中喷发出来。

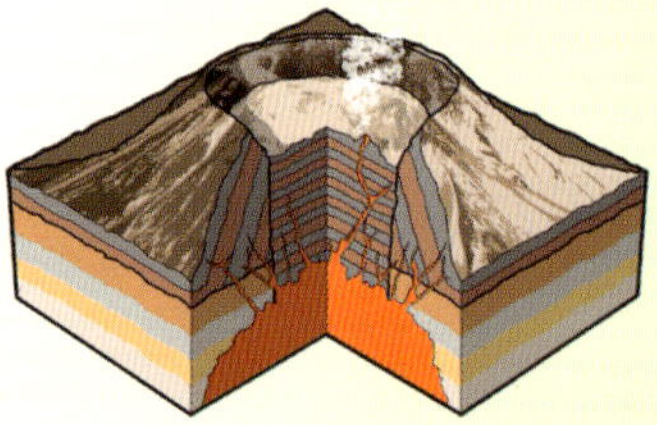

盾形火山

这种巨大的火山看上去就像是古代武士所用的盾牌，坡度较为平缓。它们由一层层的熔岩堆叠而成，它们冷凝后就形成了坚固的岩石。

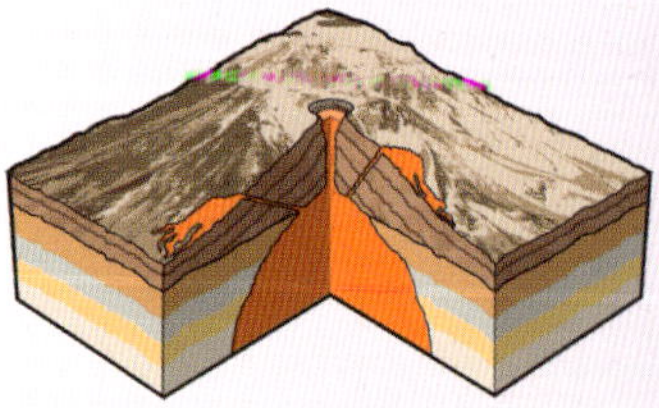

1943年，位于一块玉米田里的帕里库廷火山喷发，第一天的喷发高度就达50米。在之后的9年里，喷发高度逐渐上升到424米。

墨西哥帕里库廷火山

俄勒冈熔岩丘上一次喷发距今大约有7000年。宇航员曾经到访过月球上的环形山，发现两者极为相似。

美国俄勒冈熔岩丘

从公元前1226年至今，埃特纳山已经喷发了超过190次，喷发时发出的声音震耳欲聋，源源不断的岩浆随之大量涌出。

意大利埃特纳山

富士山是日本的象征。从781年至今，这座火山已经喷发过16次。最近一次发生在1707年。

日本富士山

阿尼亚查克火山的破火山口形成于3400年前。破火山口中有一个湖泊，人们给它取了一个名字——瑟普赖斯（惊奇之湖）。

美国阿拉斯加的阿尼亚查克火山

俄勒冈火山湖位于玛扎马成层火山的破火山口。这座火山曾在7700年前喷发，火山顶部坍塌后形成了该湖。

美国俄勒冈火山湖

图中高高喷射的熔岩就来自基拉韦厄火山。它是迄今为止夏威夷岛上最活跃的5座盾形火山之一。

美国夏威夷的基拉韦厄火山

“尔塔阿雷”在当地土著语中的意思是“冒烟的山”。在这座盾形火山的顶部有一个湖泊，里面满是沸腾的熔岩。

埃塞俄比亚的尔塔阿雷火山

大量的火山熔岩

熔岩，是从地壳缝隙中喷出地表的炙热的岩浆。根据熔岩的稠密度、黏滞度、表面形态和喷发地点的不同，科学家们将熔岩分成了四大类。

绳状熔岩

绳状熔岩的状态很稀薄，温度特别高，有的表面光滑，有的表面有褶皱。它的移动速度很缓慢，要很长时间才会冷却下来。

块状熔岩

这种熔岩从火山渗出时异常浓稠，冷却后就成了巨大的块状结构。

枕状熔岩

这种熔岩从海底渗出，表面一层像玻璃一样，逐渐像气球一样扩大，最后会完全破裂。

渣状熔岩

渣状熔岩非常浓稠，流动和冷却速度都很快。表面粗糙，凹凸不平。

火山石

当熔岩暴露在空气或水中时，一旦冷却，就会形成各类岩石，这样的岩石就叫火成岩。这些岩石看起来各不相同，这与熔岩在流经地壳、喷出火山时吸收的矿物质成分有关。

浮石太轻了，它甚至能漂浮在水面上！

玄武岩
玄武岩是最常见的岩石类型，大量存在于海底。

安山岩
一种有细粒的岩石，通常发现于成层火山上，如日本的富士山。

英安岩
一种浅色的岩石，往往在火山上呈现土堆状的结构。

浮石
一种充满孔洞的浅色岩石，在形成过程中，里面有大量的气泡未出来。

流动的熔岩

熔岩流动的距离和速度取决于火山的喷发量和浓稠度。熔岩里含有的矿物质和流经的地表类型不同，也会产生不同的结果。

熔岩刚开始喷发时，呈现明亮的红色，渣状熔岩的温度越高，移动的速度越快。

冷却时，熔岩会形成一层厚实的黑色表层，移动速度会变慢。

哇哦！

熔岩在 1 个小时内可以覆盖很大的面积，有 240 个足球场那么大哟！

致命的火山喷发

当火山喷发时，附近的整座城市都可能会被摧毁。人们如果能提前收到预警，就能有充足的时间撤离。如果火山喷发没有任何预警，成千上万的生命就会陷入极大的危险。以下就是人类历史上出现过的 5 次致命的火山喷发。

5

哥伦比亚的鲁伊斯火山

死亡人数：2.3 万

致死原因：泥石流。1985 年 11 月 3 日，一阵高速移动的高温气体、灰尘和碎石混合物，也就是火山碎屑流，从鲁伊斯火山中喷射出来。火山喷发融化了山顶的积雪，最终形成一场泥石流，摧毁了两个城镇。

4

加勒比海马提尼克岛的培雷火山

死亡人数：2.8 万

致死原因：火山碎屑流。在 1902 年 5 月，一场来自培雷火山的火山碎屑流，以 670 千米的时速摧毁了圣彼得堡镇附近的一切。

3

萨尔瓦多的伊洛潘戈湖

死亡人数：3 万

致死原因：火山碎屑流。大约 1500 年前，这座如今淹没在伊洛潘戈湖底的火山喷发了。喷发产生的火山碎屑流没有放过附近的古老的玛雅城中的任何一个人。萨尔瓦多的很大一部分都被火山灰所覆盖。

2

死亡人数：3.6 万

致死原因：山体坍塌和海啸。1883 年，当这座火山喷发时，喀拉喀托岛三分之二的陆地消失了。沉默的火山喷发引发了山崩和海啸。巨浪席卷了整个印度洋，摧毁了许多偏远的沿海城镇。

印度尼西亚的喀拉喀托火山

1

死亡人数：9 万

致死原因：火山碎屑流和饥荒。坦博拉火山喷发于 1815 年。火山碎屑流让附近的 1.2 万人丧生。火山毁坏了庄稼并杀死家禽，让更多的人死于随后暴发的饥荒。火山释放出的厚厚的火山灰遮住了阳光，使全球温度明显降低。

印度尼西亚的坦博拉火山

火山喷发前

» **时间：** 1980 年 5 月 17 日

» **喷发前高度：** 2950 米

被削掉的山顶

圣海伦斯火山是位于美国西北部喀斯喀特山脉的一座大型火山。它曾经有一个锥形山峰，但在 1980 年 5 月 18 日的早晨，一场巨大的火山喷发将它的顶峰和北部区域彻底摧毁。

哇哦！

爆炸声在 320 千米外都能够听见。

» **时间：** 1980 年 5 月 18 日

» **喷发后高度：** 2549 米

破坏性

灼热气体、岩石和火山灰引发的巨大爆炸，导致了一场有史以来最大的山体滑坡。爆炸摧毁了 1000 多万棵树木，57 人、数千只大型动物和数百万只小动物死于爆炸。几个月后，这里的植物开始逐渐恢复生长，鸟类重新飞回了这个地区。

1980 年圣海伦斯火山喷发

保证安全

居住在活火山或休眠火山附近的人必须做好准备，以防火山不时喷发。他们要确保自己清楚火山喷发的迹象，喷发时应该怎么做，以及在急救箱中应该准备什么物品。在救援行动开展之前，他们应该制订一个计划以保证安全。

火山喷发的迹象

爆炸

你能看到火山或火山湖正冒出烟尘或火山灰吗？你能听到爆炸声吗？

难闻的味道

你闻到了硫黄的气味吗？它闻上去就像臭鸡蛋。如果空气中弥漫着这种味道，请赶紧戴上防毒面具或护目镜。

摇晃的地面

你能感觉到地面在摇晃吗？如果你在室外，要尽快寻找庇护所。

救生包

火山喷发可能会切断电和天然气。因此，你需要救生包，里面应放有图中所示的这些物品。要定期检查，确保所有物品没有过期，能正常使用，并尽量把它们放在同一个大袋子或大盒子里。

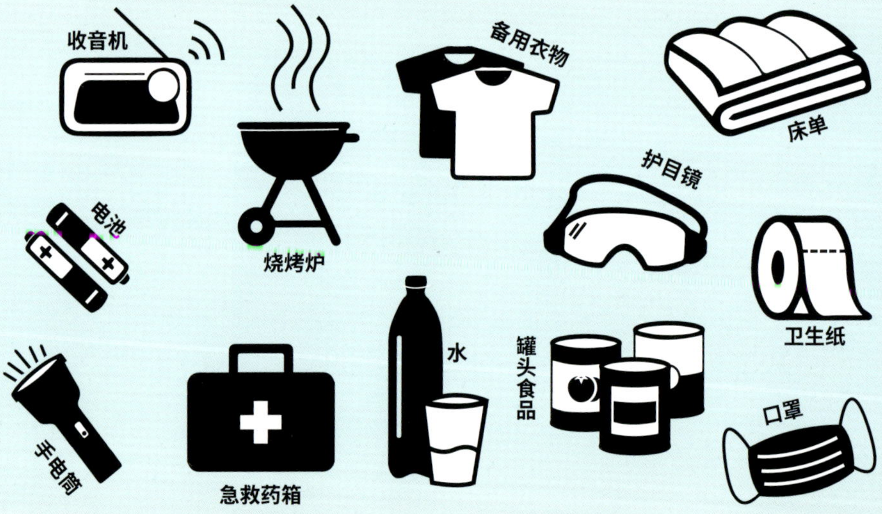

应急计划

如果你住在火山附近，那么应该制订一个计划，一旦火山喷发，就可以按计划行事。计划应该包括在哪里碰头和在哪里找到救生包。如果家庭成员能掌握基本的急救常识，那就再好不过了，一旦有人受伤就能得到及时治疗。该计划还应该包含以下内容：

收听广播

确保能收听到当地电台有关火山喷发的最新消息，以及采取什么样的应急方案的广播。

寻找庇护所

待在建筑物里比留在户外更安全。火山喷发时关闭所有门窗。

让宠物待在屋里

让你的宠物待在屋里。它们或许能察觉到一些不对劲的地方，同时保持镇定。

确保家人安然无恙

确保家人都平安无事。如果有人受伤，记得使用急救箱。

远离火山灰

如果无法避免接触火山灰，请务必戴上防毒面具或护目镜。

灾害预警！

火山在喷发前、喷发时以及喷发后都会造成很大危害。大多数情况下，火山喷发只会影响附近的人。但是，海啸和有害的火山灰也可能危及数千千米以外的地方。科学家们一直在对火山进行研究，想要从中找出危险发生的征兆，以拯救更多的生命。

火山灰坠落

火山喷发后，数以亿计的火山岩碎屑组成的火山灰从天而降。极少量的火山灰会损害眼睛和肺、影响飞机飞行、毁坏房屋和庄稼、污染水源。公元 79 年，维苏威火山喷发，大量火山灰覆盖了附近的庞贝城，直到 1600 多年后，人们才发现了这座被埋在火山灰下的城市。

泥石流

火山喷发引发的泥石流，又叫作火山泥流，是暴雨从火山上冲刷下来的火山灰、岩石和水的混合物。成分复杂的泥石流会淹没或压碎被它包围的东西，还会摧毁前进途中的建筑物和树木等。

山体滑坡

一场暴雨或地震过后，火山上的岩石、雪或冰等碎片会变得摇摇欲坠，可能从陡峭的山壁上滑下来。就像泥石流一样，它会摧毁一切阻碍它前进的东西。

海啸

有时候，水下喷发的火山或地震会引发巨大的海浪，我们称这种现象为海啸。它们能穿越遥远的距离，用可怕的力量淹没海岸线和岛屿、摧毁建筑物，危害人类和动物。

雷暴

火山灰云有时会产生闪电。闪电会导致火灾和电涌，电涌会损害电子产品，干扰收音机通信。

火山碎屑流

火山喷发后，含有灼热气体、火山灰和岩石颗粒的大团致命烟尘——火山碎屑流，能以超过 500 千米的时速在地面扩散。它的温度高达 700℃，甚至会引发火灾。2010 年，位于印度尼西亚群岛的爪哇岛默拉皮火山喷发时，致命的火山碎屑流导致 300 多人失去了生命。

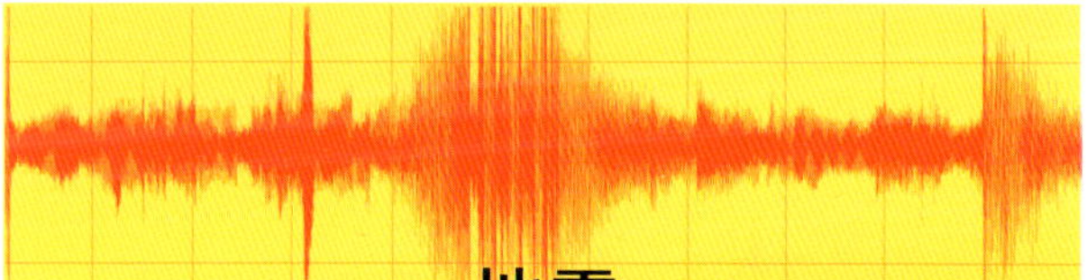

地震

火山下面的岩浆运动会引发两种类型的火山地震。火山开始晃动，意味着它很快就要喷发。火山引发的地震会使地面变形，出现裂缝，还会引发山体滑坡。

伏尔甘

罗马神话中掌管火和锻造的神

很久以前，居住在武尔卡诺岛——一座意大利火山岛上的居民，相信火神锻造武器时火山就会喷发。“火山（volcano）”一词正是取自火神伏尔甘（Vulcan）的名字。

佩莱

夏威夷女火神

这位女火神个性暴躁。夏威夷人认为当她用魔棒挖掘地面时，火山就会喷发。熔岩中有时会混杂金黄色玻璃一样的细线，人们认为那就是佩莱的头发。

神话和传说

古代人不明白火山为什么会喷发。他们将其理解为神明的情绪波动或其他神秘的超自然力量的行为。因此，他们编出了一些故事用来解释这一现象。这些故事作为神话或传说一代代流传了下来。

苏尔特尔

维京神话中的火巨人

维京人相信，在“诸神的黄昏”（编者注：北欧神话中的末日之战）时，苏尔特尔会带领巨人抵抗天神。临死前，苏尔特尔会挥动那把燃烧的剑横扫世界，把一切焚烧殆尽。

富士

日本的壁炉女神

日本最高的山富士山，就是以富士的名字命名的。古日本人相信，富士住在用来做饭和加热屋子的壁炉边。

亚特兰蒂斯真的存在吗?

古希腊有个关于名为亚特兰蒂斯的小岛的传说。据说，住在那里的居民非常邪恶，他们的所作所为触怒了神灵，因此神灵用火和地震摧毁了这座岛，将它沉到了海底。现在一些人认为，这个故事可能和一座名叫圣托里尼的希腊小岛有关。大约在 3400 年前，一场巨大的火山喷发摧毁了圣托里尼。这座小岛的一部分沉入了大海，居住在附近岛屿上的人们成了海啸的牺牲品。

水下城市

现代的圣托里尼

罗马火山大喷发

公元 79 年，俯瞰着如今意大利那不勒斯湾的维苏威火山突然喷发。一位名叫普林尼的罗马海军头目，从附近一个名叫米塞纳的沿海城市看到了这一切，他和他的舰队驾着船，穿过海湾向庞贝城和赫库兰尼姆城开去，想要拯救那里的人们……

夜晚，一股由热气流、火山灰和岩石组成的火山碎屑流，快速地沿着火山斜坡冲下来，将路上遇到的一切东西都烧成了灰，并深深地掩埋起来。
以 100 千米的时速前进！
与此同时，在米塞纳，普尼林 17 岁的侄子小普尼林，隔着海湾看到了这一切。
庞贝城和赫库兰尼姆城被人们遗忘了 1600 多年，直到工人在厚厚的火山灰下发现了被掩埋的建筑物和人类残骸。
今天，庞贝城和赫库兰尼姆城的废墟每年吸引着数百万游客来此参观。房屋、寺庙、工坊以及其他建筑，给我们提供了一个极富魅力的了解古罗马人生活的窗口。

湖泊之谜

1986 年 8 月 21 日，一个位于喀麦隆火山地区尼奥斯湖畔，约有 1800 人居住的乡村，一夜之间，大量村民神秘死亡。一开始，没有人知道是什么力量导致了这一骇人听闻的事件。科学家们来到村里进行调查，他们很快把注意力放在了尼奥斯湖上……

第二天

夜里幸存下来的村民一觉醒来，发现大部分亲戚朋友都死了。幸存者身上也出现了奇怪的溃疡和水疱。村民养的数千头牛也在夜里死掉了。

研究湖水

科学家们研究了尼奥斯湖的湖水，想要找出导致灾难的元凶。

位置：
中非喀麦隆

结论

科学家们在火山湖底部发现了熔化的岩石，或者说是岩浆，正是它们在湖底释放着有害气体。气体在湖底逐渐积聚，慢慢形成一个巨大的气团从湖中冒出来。由于这些寒冷的气体密度比空气大，迅速沿着附近的山谷流下来，导致村民发生窒息，身体上出现溃疡和水疱。

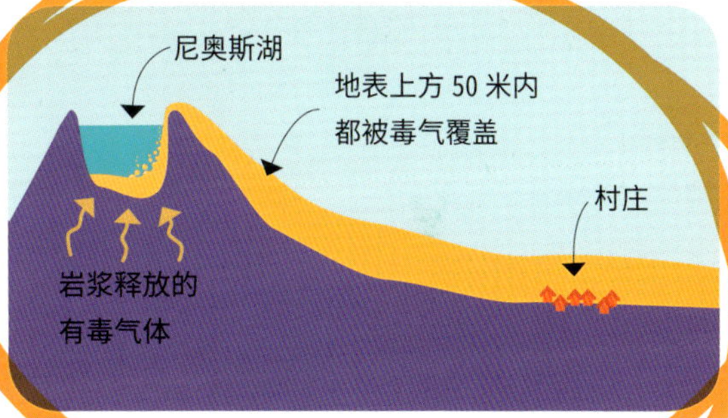

尼奥斯湖产生的毒气流动路线

解决方案

为了防止灾难再次发生，人们将巨大的水管放入湖中，以清理这些危险的气体。含有大量有毒气体的水被抽到了湖的表面。在湖面，这些气体会以无害的形式释放出来。一些类似的湖泊也是采用这种方式清理湖底毒气的。

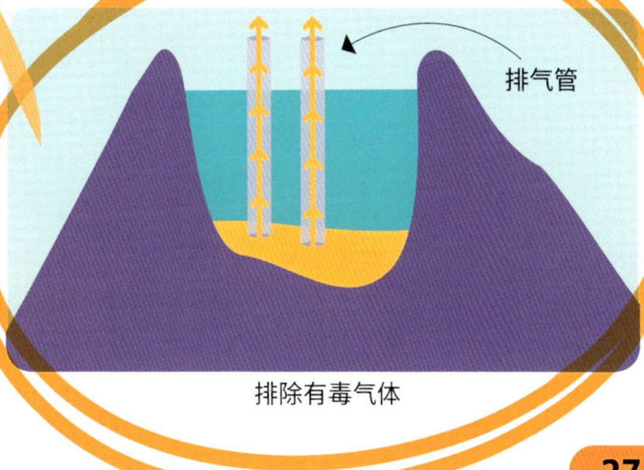

排除有毒气体

为受灾地区提供物资
飞机将紧急救援物资运送到幸存者手中。

冰岛的火山灰

2010 年，冰岛上的埃亚菲亚德拉冰盖冰川火山向空中喷出了数以千吨计的火山灰。这些火山灰在大面积扩散到欧洲多地之前，就已经升到了一个相当的高度。数万架次航班被迫取消，许多公司因此损失了上百万英镑。

哇哦！

埃亚菲亚德拉冰盖冰川火山的名字在冰岛语中读作“ay-uh-fyat-luh-yo-kuutl”！

航班取消

火山灰颗粒会钻进飞机引擎，导致引擎熄火。在火山开始喷发后的一周内，20 个国家关闭了机场，9.5 万架次航班被取消。

升腾的烟柱

当岩浆上升到埃亚菲亚德拉冰盖冰川火山口并抵达顶部时，会和覆盖在山顶上的冰雪混合在一起。这种混合物使火山喷发异常猛烈。它喷出的火山灰云呈羽毛状或柱状，可以喷发到 9 千米高。

从太空中看

这张照片是在埃亚菲亚德拉冰盖冰川火山喷发 3 天后拍摄的。能看到白雪皑皑的火山上升起了火山烟柱。

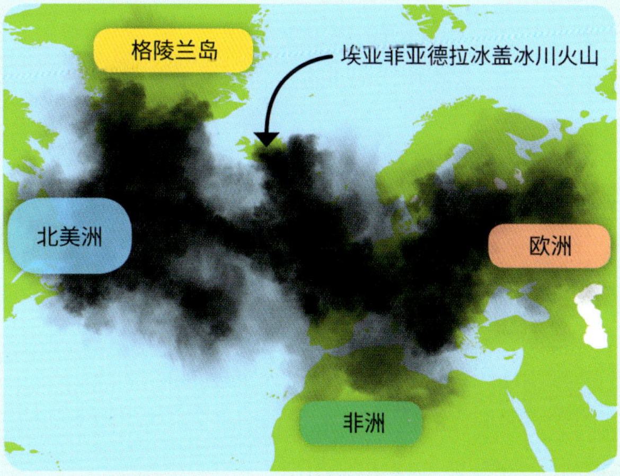

火山灰云覆盖的区域

风把火山灰云吹到了欧洲大陆的很多地方。之后一部分火山灰云越过大西洋，朝北美洲飘去。

溢流玄武岩

溢流玄武岩，是指一片由玄武岩覆盖的区域。这些地区形成于数百万年前，那时，熔岩从具有几千年历史的地层裂缝中涌出。洪水一般的熔岩冷却变硬后覆盖在广阔的大地上，有些甚至和当今世界一些大国的国土面积一样大。

哇哦！

月球和金星上也有溢流玄武岩呢！

北爱尔兰的巨人堤

巨人之路

玄武岩熔岩凝固后，有时会形成六边或六角形的柱状岩石。在北爱尔兰有一处名为“巨人堤”的地方，有超过 4 万块这样的岩石。这是北大西洋大火成岩省的一部分，它们是溢流玄武岩之一。传说，这是巨人芬恩麦克库修建的堤道，他能由此穿过大海，与苏格兰巨人作战。

堤道是如何形成的？

在大约 5000 万到 6000 万年前，大量的玄武岩熔岩从地面的裂缝中喷射出来。在一些地区，它们冷却后排成一列列的形状。

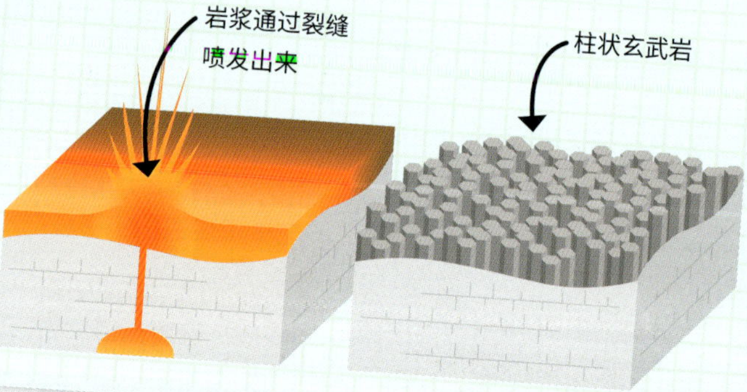

熔岩层

在印度中部一个名叫德干地盾的广阔丘陵地区，覆盖着2千米厚的凝固的玄武岩熔岩。这些熔岩源自许多巨大火山的喷发，喷发大约发生在6600万年前。经过数千年的火山喷发，熔岩一层层地堆积起来。“地盾”(tvaps)一词来源于瑞典语的“楼梯”，这是因为由玄武岩构成的山坡看上去就像瑞典人家里的楼梯一样。

印度的德干地盾

恐龙之死

一些科学家认为，正是形成德干地盾的火山喷发让恐龙走向灭绝。熔岩释放出的灰尘和气体遮挡了阳光，污染了空气，杀死了世界各地的多种动物。

火山喷发或许引发了恐龙的灭绝

大火成岩石

俄罗斯的西伯利亚暗色岩台地占地面积比墨西哥的国土还要广。大约2.5亿年前开始，这个地区就有火山喷发。熔岩从地表绵延数千千米长的巨大裂缝中喷出，喷发持续了约100万年的时间。火山喷发释放的火山灰遮挡住阳光，导致全球气温下降，地球进入了一个小冰期。

西伯利亚暗色岩台地

西伯利亚暗色岩台地是占地面积最大的溢流玄武岩区。

臭烘烘的奇观

水和岩浆在地下相遇，就会创造一些有趣的自然景观，比如泥温泉、间歇泉和火山喷气孔。泥温泉会不停地冒泡，四处飞溅；间歇泉每隔一段时间就喷射出沸腾的水；火山喷气孔会释放出嘶嘶作响的蒸汽和气体。它们闻上去简直臭死了！

！哇哦！

美国的蒸汽船间歇泉喷出的水柱可达 91 米高。

冒泡

在一些地方，岩浆释放出的气体与地层中的水混合后，会产生一种可以熔化岩石的强力化学物质。你将会看到沸腾的、黏糊糊的黏土，在一种名叫“泥温泉”的池塘里突突地冒着泡。

泥有时会从池塘边缘喷溅出来。

小档案

- 》名称：哈维尔泥温泉
- 》地点：冰岛
- 》恶臭指数：8

喷射

1964 年，一支石油钻井小队忘记了封闭地表上的钻孔。很快，一个间歇泉就出现了，从里面喷出了高温的水柱，形成了这些五颜六色的石锥。

石锥上覆盖着色彩鲜艳的藻类微生物。

水流不间断地喷射。

小档案

- **名称：** 飞喷泉
- **地点：** 美国
- **恶臭指数：** 5

嘶呜！

岩浆与地下水混合时，会生成恶臭的蒸汽。蒸汽从地表的缝隙或锥形喷气孔中飘散出来。

蒸汽闻上去就像臭鸡蛋的气味！

小档案

- **名称：** 宽干谷火山喷气孔
- **地点：** 埃塞俄比亚
- **恶臭指数：** 10

洞穴

哪里有火山，哪里就有洞穴。许多洞穴是中空的隧道或管状结构，炽热的岩浆曾经从中流过。其他洞穴中含有由岩浆矿物质形成的巨大晶体。在火山区，也会有一些小型洞穴，那是很久以前人类挖掘出来的。

巨大的水晶

当北美洲的矿工们发掘出这个洞穴时，他们在洞穴中发现了长达 11 米的晶体，它们是岩浆相关的热水中的矿物质形成的。

A

长隧道

位于这个大西洋岛屿上的洞穴和隧道是数十万年前火山喷发后形成的。

B

3 葡萄牙的马德拉岛

5 韩国

4 墨西哥

C

水下洞穴

流入大海的熔岩可以制造出水下洞穴，照片所拍摄的洞穴位于太平洋上的一个岛屿。

E

洞穴屋

数百万年前，欧洲与亚洲交界处发生了火山喷发。风雨侵蚀了火山的岩石层，形成了一些形状奇特的山丘。很久以后，远古人类在山丘上凿出了洞穴。

D

尖峰空间

这个位于东亚的神奇岩洞里到处都悬挂着钟乳石、直立的石笋和石柱，以及长得像珊瑚一样的岩石。

如果世界上没有火山

没有火山，世界会是什么样子？答案是那么出人意料！除了会喷出炽热的熔岩，火山也在构建我们居住的这个世界时发挥了关键性作用。

你觉得渴吗？你得感谢火山提供的清凉饮料。

水

对地球上的生命而言，水是必不可少的，而火山则为我们提供了水！火山第一次喷发时，释放出的气体所含的水分液化，汇聚到地表的海洋中。

大自然的奇观

当翻阅度假拍摄的照片时，你是否知道，有一些美丽的地标是由火山创造的？你应当感谢火山为这个星球创造了那么多深邃的峡谷、巨大的山脉和壮观的瀑布。

美国怀俄明州的魔鬼塔是由一座古老的火山形成的。

夏威夷群岛

加那利群岛

这些岛屿链都是由火山喷发形成的。

火山岛屿

当你沿着沙滩散步时，请记住，你脚下的小岛或许是由火山创造的。当休眠火山喷发时，熔岩最终有可能从水面高高喷出，形成一座岛屿。

土壤

土壤听上去好像没什么特别，但我们需要肥沃的土壤来种植供人们食用的蔬菜和水果，而火山灰就含有丰富的矿物质。

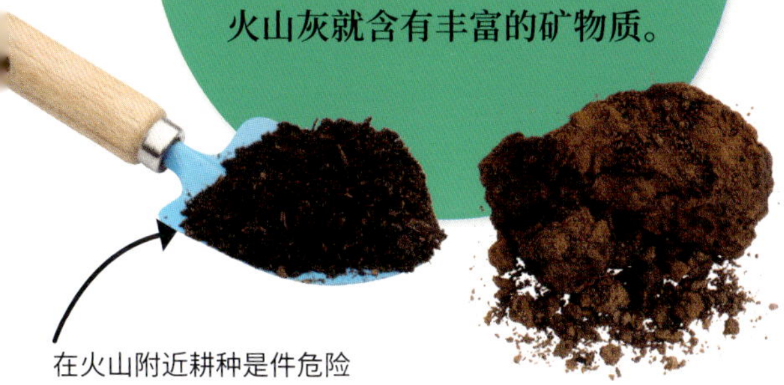

在火山附近耕种是件危险的事，但如果没有火山，一些区域就无法种植人们生存所需的农作物。

钻石

钻石是地球上最为珍贵的宝石之一，但如果没有火山，我们就永远见不到钻石。钻石形成于地球内部的极端温度和压力下，是火山将其带到了地表。

在某些时候，在火山附近的地表可能会出现钻石。

气候变化

严重的火山喷发会导致全球气温降低几摄氏度，对地球而言这是灾难性的。这是因为火山灰和气体被排入大气，阻止部分太阳的热量到达地表。

冰冻的冰激凌和融化的冰激凌之间，温度可能仅仅相差几摄氏度！

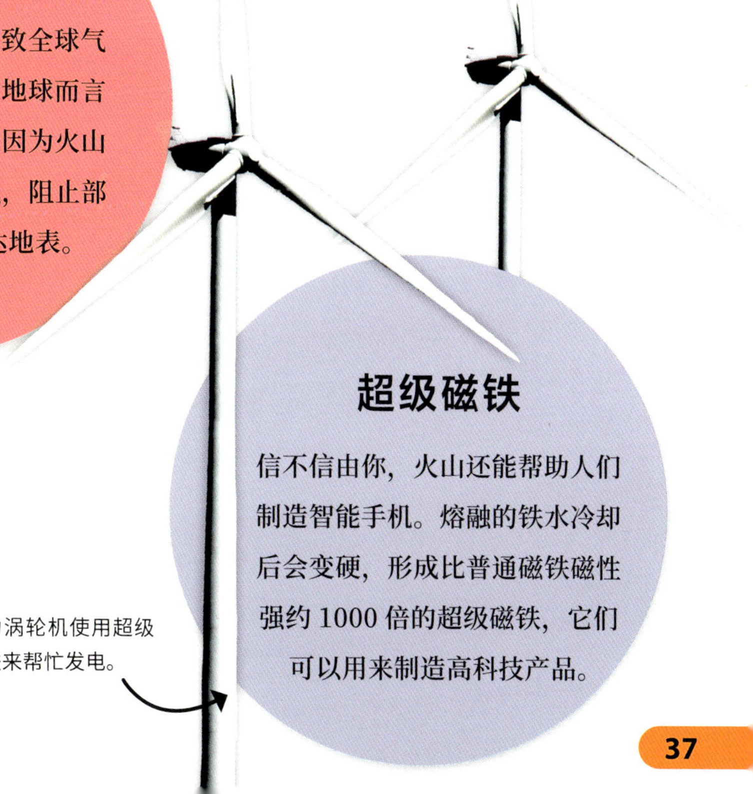

超级磁铁

信不信由你，火山还能帮助人们制造智能手机。熔融的铁水冷却后会变硬，形成比普通磁铁磁性强约 1000 倍的超级磁铁，它们可以用来制造高科技产品。

风力涡轮机使用超级磁铁来帮忙发电。

炎热的栖息地

火山地区看似并不适宜动物生存。然而，还是有许多动物在炎热的火山地区安家落户。一些动物喜欢温泉或温暖的火山灰，另一些则以微生物为食，而这些微生物找到了在火山湖泊这种严酷环境中生存的方式。对以下四种动物来说，生活在火山地区，简直是如鱼得水。

沐浴的美女

在寒冷的冬季，日本猕猴会在日本的火山温泉里放松和相互梳洗，以保持温暖。这些猴子长着厚厚的毛皮，保护它们不被热水烫伤。

红粉佳人

这些火烈鸟之所以有着玫瑰般的粉红色羽毛，和它们吃的东西有关。它们以水藻为食，这种微生物与海藻同为藻类。在非洲一个名叫纳特龙湖的火山湖中，水藻能够在湖中高温而严酷的环境中生存。当火烈鸟吃下这些藻类后，藻类中的化学物质就会令它们的羽毛呈现粉红色。

温暖的巢穴

雌性苏拉冢雉每年会产下8~12枚大型卵，它们会在地面上打洞，将卵埋在1.5米深，温度约为35℃的温暖的火山灰或沙子中。苏拉冢雉的雏鸟是在地下孵化出来的，然后自己打洞出来。几个小时之内，这些雏鸟在没有任何帮助的情况下就可以飞行和照顾自己。

苏拉冢雉用火山灰孵卵

聪明的鸟儿

在孵化时，大多数鸟儿会坐在它们的蛋上，以令蛋壳里发育的小鸟保持温暖。而生活在印度尼西亚的苏拉冢雉则找到了一种省事的办法。这种鸟体型较大，擅长筑冢，它把蛋埋在温暖的火山灰或者沙子里，然后就四处游荡，一去不返了！

靠熔岩生活

南美洲西海岸的科隆群岛上，有一种叫作熔岩蜥蜴的动物。这种小型爬行动物整天在光秃秃的凝固的熔岩上奔跑，寻找美味可口的昆虫，然后一口吞下。为了吸引雌性熔岩蜥蜴的注意力，雄性蜥蜴甚至会做俯卧撑！

火山雷电

在雷暴或电风暴期间出现闪电是一种常见现象。火山喷发时也可能会有闪电出现，科学家们还没有完全搞清楚这种闪电的成因。他们认为这可能是由于火山灰云中的微小粒子相互摩擦带电形成的。

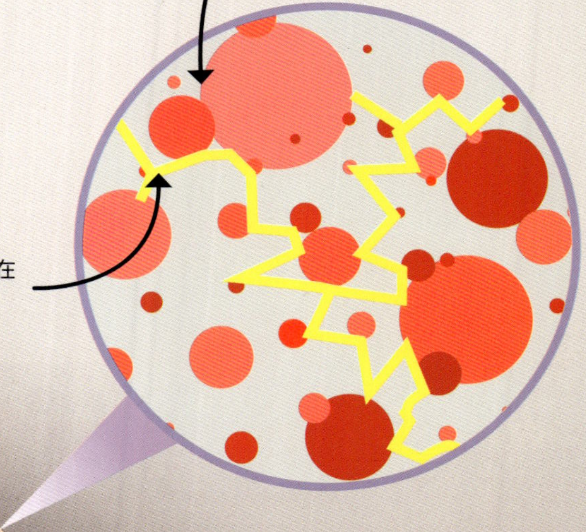

发光的灰尘

火山喷发时，产生的灰尘颗粒聚集在一起，会生成静电电荷。这些电荷不断积累，直到最后会变成源源不断的电或电流。这股电流能使周围的空气发生爆炸，进而产生强大的闪电。爆炸发出的声音就是雷声。

哇哦！

美国的圣海伦斯火山在 1980 年喷发的时候，每一秒钟就会产生一道闪电。

肮脏的雷暴云

意大利西西里岛的埃特纳山在 2015 年底喷发，伴随着耀眼夺目的熔岩、灰尘和闪电。火山灰云团攀升到 3 千米高的空中。火山学家将伴随有闪电和雷声的火山喷发称为“肮脏的雷暴云”。

哇哦！

火山学家尝试用机器人来探测那些人类难以到达的危险区域。

防护服的银色表面能够反射热能，有助于火山学家保持凉爽。

对话专家

我们向从事地球上最危险工作之一的火山学家吉尔·乔莉博士提出了一些问题。

问：我们知道您的工作与火山有关，但您的具体工作内容是什么呢？

答：我作为团队的一分子研究火山。我们监测活火山，收集岩石、灰烬和熔岩的样本，并进行测量。返回观测站后，我们会对这些样本进行分析。

问：听上去是项危险的工作啊！当您在火山附近工作时，是如何保障自己安全的呢？

答：我们会戴上安全帽，避免被落石砸到，用防毒面具防止毒气伤害。有时，我们会穿上专门的防护服，就像消防员穿防火服那样，使我们免于被烧伤。

问：当您研究火山时，会使用什么样的工具？

答：我会用榔头和放大镜来观察石头，以搞清楚这些石头的类型。还会带着笔记本和相机进行观察。有时，我们会用卫星监测火山，这意味着我们能安全地从电脑上读取信息，而不用把头伸进火山口！

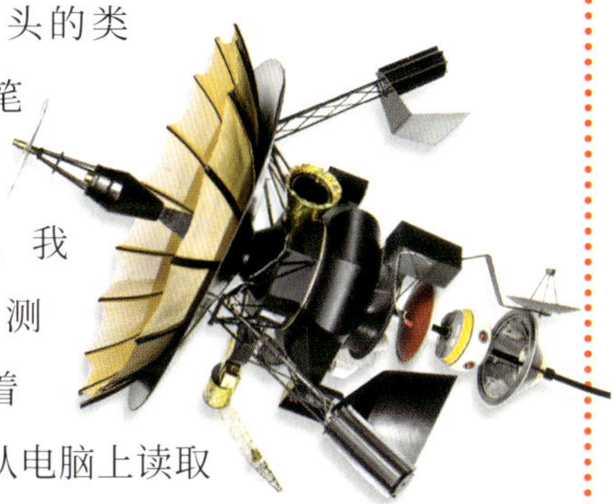

问：您觉得工作中最棒的地方是什么？

答：火山学是一个令人兴奋的学科，因为你是在实时进行观测。你可以看到一座山脉正在你眼前形成或毁灭！

问：您觉得工作中最糟糕的地方是什么？

答：有时我们不得不让人们撤离家园，他们会将我们视为扰乱他们平静生活的人。

问：最让您激动的一次经历是什么？

答：当位于加勒比海的蒙特赛拉特岛火山喷发的时候，我们带着照相机和摄像机一窝蜂地拥了过去。我们因此掌握了有关火山喷发类型的新知识，并记录下了整个喷发过程。

蒙特赛拉特岛

问：火山学家在判断火山何时喷发上取得过哪些成就？

答：我们获得了巨大的成果。例如，2010年在印度尼西亚，一位火山学家看出了火山喷发的迹象，并及时发出了警报。我们疏散了数千人，将他们从火山喷发的危险中拯救出来。

行业工具

当火山学家攀登喷发的火山，在炽热的火山岩石上行走，或者凝视不断冒泡的岩浆时，他们要穿戴或者随身携带什么东西呢？让我们了解一下他们在危险区域工作时需要的装备吧。

就像建筑师用的水平仪一样，如果地面倾角发生变化，斜度仪里面的泡泡就会移动。

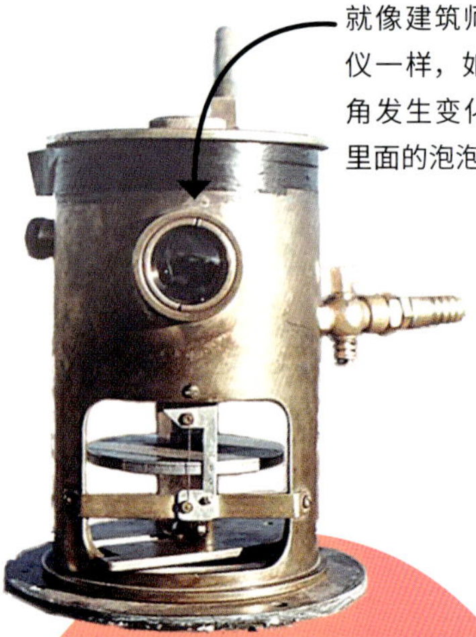

斜度仪

这个仪器用于测量地面的倾斜度或坡度。在火山斜坡上，一点儿微小的倾角变化也可能预示着它即将喷发。

从不同角度拍摄的火山照片可以用来制作火山三维模型。

相机

拍摄有关火山活动的照片和视频，能够帮助火山学家更加深入地研究火山喷发。他们通常使用照片计算火山喷发的高度。

笔记本

火山学家在实地观察火山时会记笔记。记录他们的样本是从哪里取到的，并绘制岩层和景观草图。

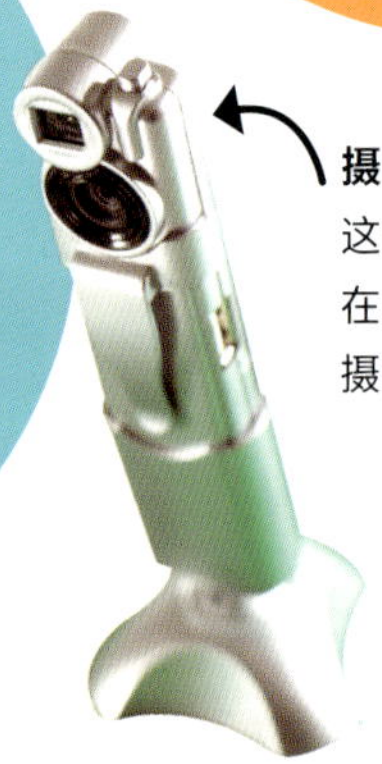

摄像机

这个摄像机可以安装在火山附近，留待拍摄它的活动。

行动

火山学家喜欢在火山活动的区域行动。他们拍摄火山喷发时的照片，记录地面的震动，收集炽热的熔岩或落下来的火山灰样品。

测震仪

这个仪器能探测到由火山活动引发的地面震动。

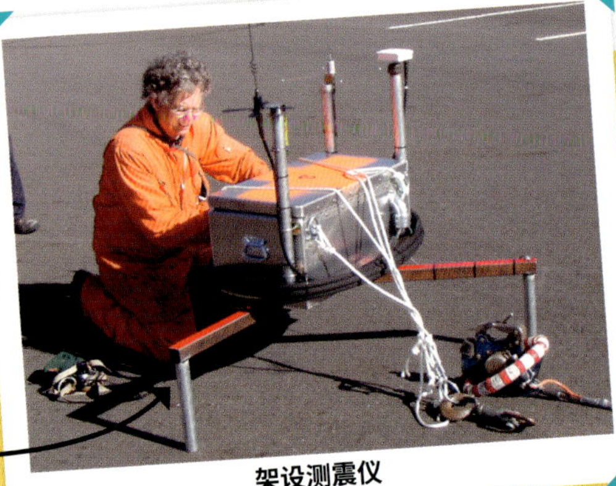

架设测震仪

热防护服

这套银色的热防护服的材料中含有金属铝，能承受达1650℃的高温。

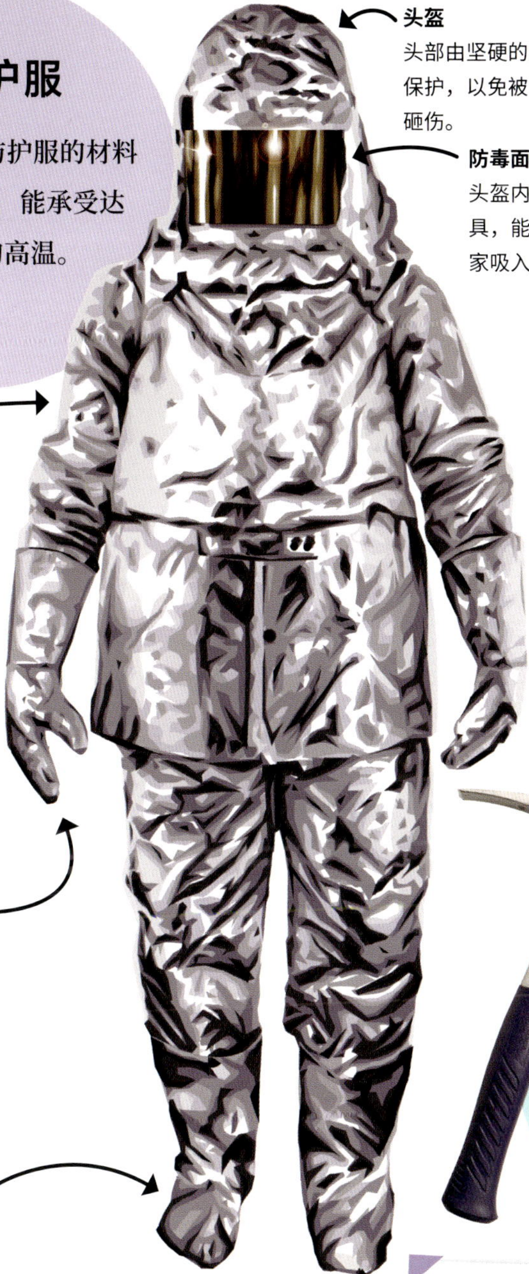

头盔

头部由坚硬的头盔保护，以免被飞石砸伤。

防毒面具

头盔内装有防毒面具，能防止火山学家吸入有毒气体。

背负式呼吸罐

当外面的空气太热或有毒，无法吸入时，呼吸罐就为火山学家提供了凉爽的新鲜空气。

手套

厚实的手套能保护双手不受灼热的岩石和熔岩的伤害。

沉重的靴子

当走在炎热的火山区域时，厚厚的皮靴能防止双脚遭到灼伤。

放大镜

这个工具是一个放大镜，能放大事物。火山学家用它来观察火山岩中的细节。

查看火山岩

火山岩中可能含有其他岩石的晶体或碎片。

榔头和钻孔机

火山学家常常使用榔头或钻孔机来破开岩石样本，然后把它们送进实验室进行分析。

一项危险的工作

滚滚的热浪、摇晃的地面和震耳欲聋的噪声，只是火山学家面临的少数几项风险而已。当他们实地观察火山时，必须保证自身的安全，并且警惕落石和熔岩流等带来的危险。

熔岩

火山学家将炽热的熔岩取走，在实验室进行研究。

样品

将熔岩样品放到水里冷却。

采集熔岩样品

超级火山

喷发剧烈的火山被称为超级火山。它们的喷发比我们过去 500 年来看到的任何东西都要剧烈得多。它们喷出的火山灰能遮挡阳光，降低地球的温度。世界上只有少数几座超级火山，它们都处于休眠状态。但科学家正在密切监视它们，不放过它们任何苏醒的迹象！

超级火山对照表

- 会喷发出至少 1000 立方千米的岩石和熔岩，厚度可达 1 米，足以覆盖一个埃及。
- 之前至少有过一次大喷发。
- 将来可能会有另一次大喷发。
- 之前的喷发改变了世界的地貌和气候。

印度尼西亚多巴湖

7.4 万年前这里的火山喷发，是过去 250 万年间出现过的最大的一次火山喷发。爆炸产生的火山灰落在数千千米以外的地区。像多巴火山这样的超级火山是火山口火山，它们都有一个巨大的火山口，称为破火山口。

湖泊中的火山岛。

小档案

- **名称：**多巴火山
- **状态：**休眠
- **最近一次超级喷发的时间：**7.4 万年前
- **喷发规模：**2800 立方千米
- **位置：**印度尼西亚，北苏门答腊省

破火山口处形成的湖泊。

美国黄石公园

黄石公园地下有大量的岩浆，过去的三次大喷发彻底改变了这个地区。每一次都留下一个巨大的破火山口。每年有数百万游客到公园参观间歇泉和温泉。

小档案

- **名称：** 黄石火山
- **状态：** 休眠
- **最近一次超级喷发的时间：** 64万年前
- **喷发规模：** 1000立方千米
- **位置：** 美国怀俄明州，黄石公园

从黄石公园落下的火山灰

64万年前，黄石火山最后一次喷发的火山灰，覆盖了今天美国一半的面积。

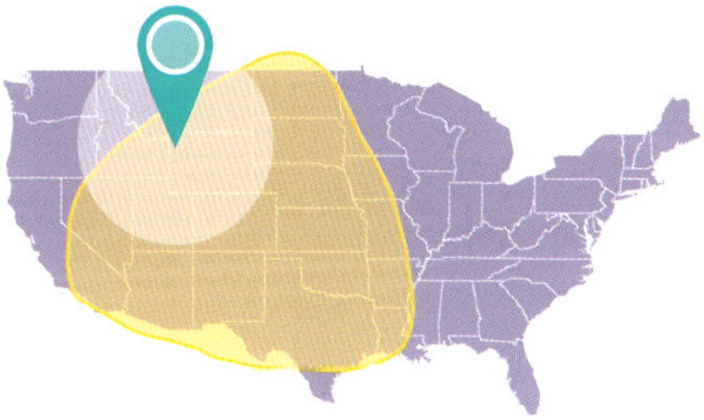

新西兰陶波湖

2.65万年前陶波湖下的超级火山喷发时，给新西兰大部分地区盖上了厚厚一层灰烬，使得南半球的气温明显降低。从那以后，它又有过多次小规模的喷发。

小档案

- **名称：** 陶波湖火山
- **状态：** 休眠
- **最近一次超级喷发的时间：** 2.65万年前
- **喷发规模：** 1170立方千米
- **位置：** 新西兰，北岛

火山的寿命

世界上有数以千计的火山，它们处于不同的生命阶段。有的火山很年轻，刚刚从地面升起，最近才喷发；许多火山似乎睡着了，其实在休眠，或许有一天会醒来；其他火山则早已不再喷发了。

哇哦！

陆地上大约有500座活火山，在海下有更多的火山！

活火山

活火山是指在过去1万年间至少喷发过1次的火山，它可能正在喷发，也随时可能喷发。

休眠火山

休眠火山已经有好几千年没有喷发了，但它仍然很危险，因为它可能会从睡梦中醒来，并再次喷发。

死火山

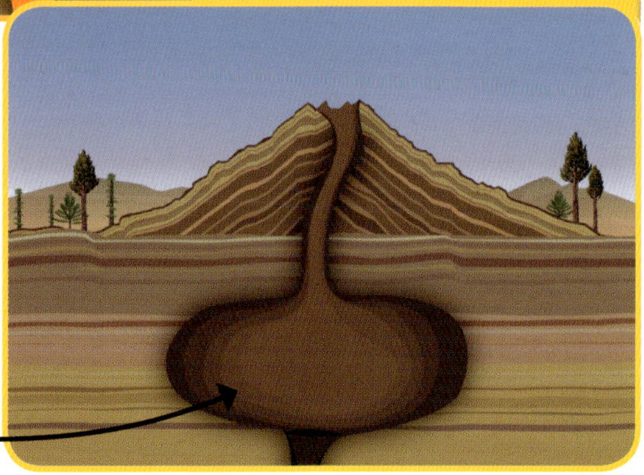

一座死火山至少有1万年没有喷发了。它不太可能再次喷发，因为它下面已经没有岩浆了。

在火山口栖息

这座名为圣弥额尔礼拜堂的教堂，建筑在一块凝固了的熔岩顶部，这块熔岩正好位于法国中部一座死火山的顶端。去参观这座教堂的人得徒步登上 268 级台阶，教堂的历史足足有 1000 年。

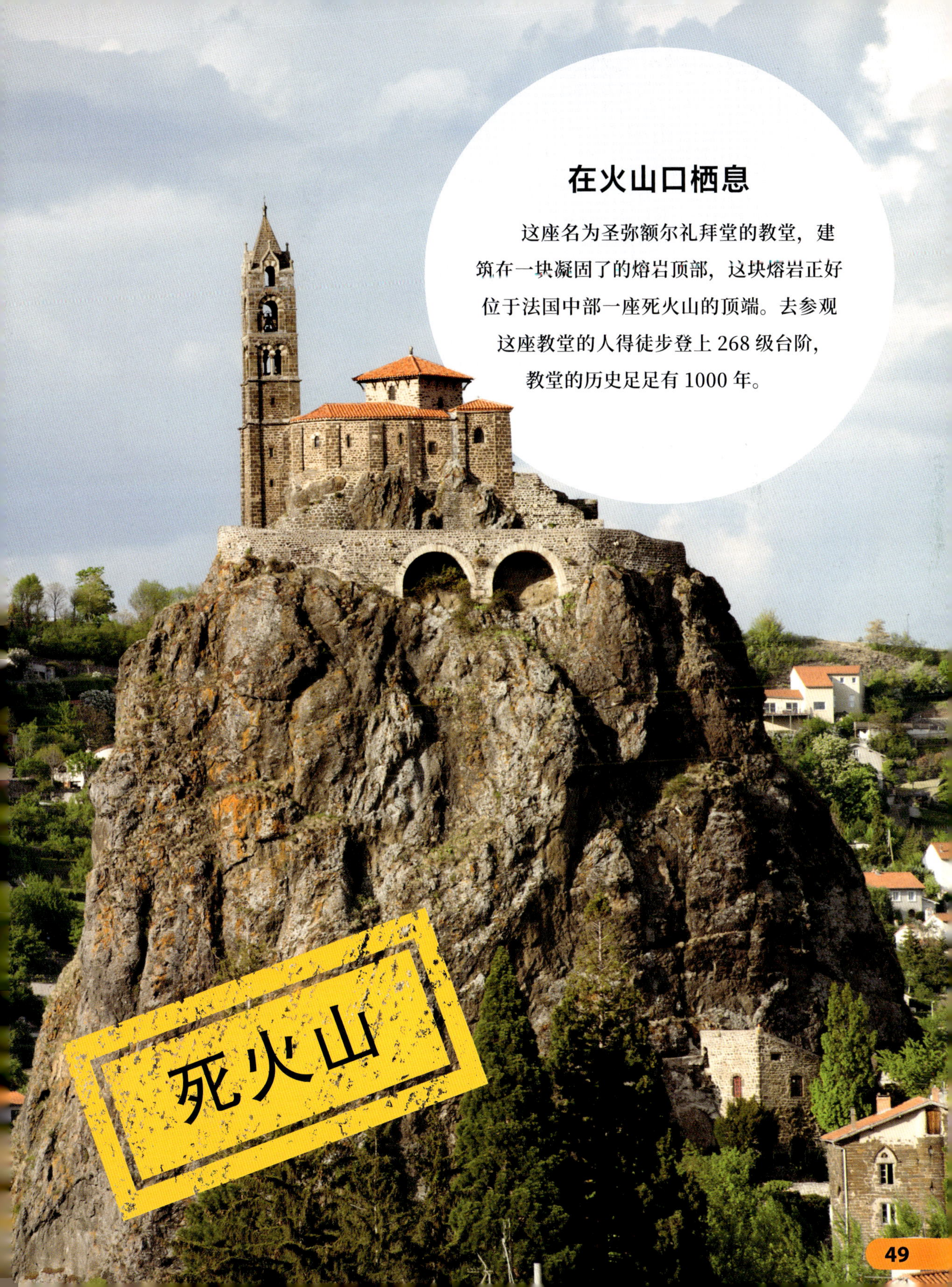

死火山

沉没的岛屿

当一些海底火山喷发时，会释放出足够多的熔岩或火山灰，冷却后形成一个新的岛屿。这个岛可能会在那里永久地停留，或几个月内就会被海水冲走消失。其他的火山岛则会逐渐消失，在数千年的时间内慢慢沉没。

这个短命的岛屿导致了一些国家的战争。

信息卡

- **名称：** 格雷厄姆岛、费迪南德岛或朱利安岛
- **状态：** 活火山
- **最近一次超级喷发的时间：** 1863 年
- **位置：** 位于西西里岛和非洲海岸之间的地中海

宣示岛屿主权

"改旗易帜"

在它短暂的生命中，格雷厄姆岛被重命名两次，英国人、西西里人和法国人争着宣称其属于自己。这个岛曾在 1836 年短暂地重新出现在海面上。

我的岛去哪儿了？

1831 年，一个新的火山岛从西西里岛附近的地中海中升起。一个月后，一名英国水手将国旗插在了冷却的熔岩上，宣称它属于英国，并将其命名为格雷厄姆岛。不久后，西西里人宣称它属于自己，将其改名为费迪南德岛。接着，法国人认定这座岛是自己的，称其为朱利安岛。当这些国家为这座小岛的所有权争论不休的时候，它竟然缓缓沉入了海底。

消失的美景

博拉博拉岛是世界上最美丽的岛屿之一。它形成于大约 400 万年前的一次水下火山喷发。一个环形的珊瑚岛围绕着它长出，被称为环礁。这座死火山正在缓缓下沉，总有一天，它会彻底消失在海面下，留下一个叫作潟湖的浅水湖。

哇哦！

博拉博拉岛每过 100 年就下沉 1 厘米！

珊瑚礁顶端生长着植物。

信息卡

- **名称：** 博拉博拉岛
- **状态：** 死火山
- **最近一次超级喷发的时间：** 未知
- **位置：** 法属波利尼西亚，社会群岛

环礁是如何形成的

当珊瑚在海洋中新的火山岛周围生长时，就会形成一个环礁。珊瑚礁是由珊瑚这样的微生物组成的。最终，它从海面升起，岛屿下沉，留下一个中间有湖的环礁。

新火山

一个珊瑚礁开始在一个新的火山岛的水下斜坡周围生长。

沉没的岛屿

火山停止喷发后，开始下沉，但珊瑚礁仍在生长。

环礁和潟湖

火山渐渐下沉，留下了一个环礁和一个潟湖。

新生的岛屿

每次喷发过后，海底的火山都会变得更大。最终，它们的山峰可能会以新岛屿的形式从水中升起。数千年来，太平洋上的洪阿汤加岛附近一直有一座火山在生长。它于 2009 年突然喷发，向空中喷出大量的烟雾和灰烬。2014 年底至 2015 年初它再次喷发，创造出一个全新的岛屿。

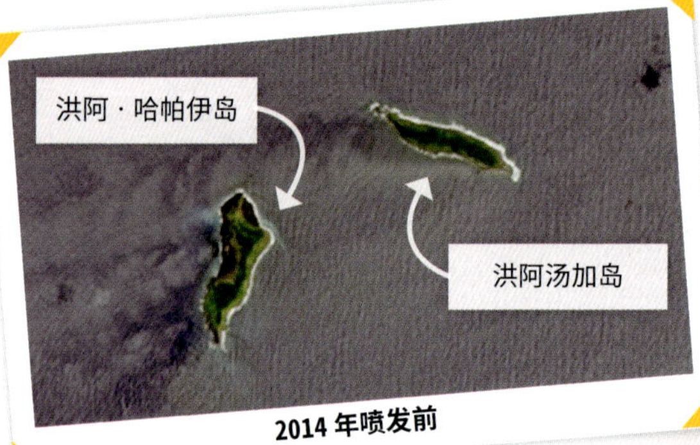

2014 年喷发前

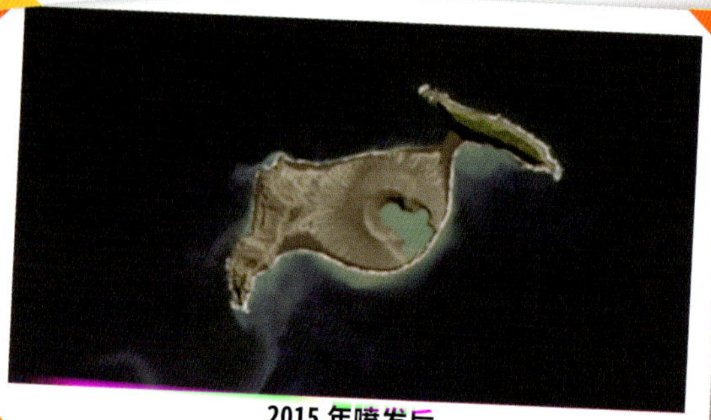
2015 年喷发后

在 2014—2015 年洪阿汤加岛附近的火山喷发之前，有两个小火山岛从海洋中钻了出来，当火山在 2015 年停止喷发后，两个岛屿之间有一块新的陆地从海洋中升起。

苏尔特岛

1963 年，在冰岛附近的一艘船上，渔民们注意到海面上冒出了烟雾。一天后，一个小岛出现了。火山不停喷发，这个小岛的面积也不断扩张，直到 1967 年喷发停止。人们将这座小岛命名为苏尔特岛。然而，风和海浪已经侵蚀了该岛一半的面积，科学家认为，该岛可能在 2100 年前从海平面上消失。在这之前，这座岛是包括鸟类在内的许多动植物的家园。

深海喷口

大量的火山活动发生在海底之下。在20世纪时，科学家发现了海底热泉。它们的喷口在海底，不断地向外喷出滚烫的热泉，这些海水中富含大量的矿物质。

海底热泉
“热泉”这一术语的词根是希腊语的“水”和“热”。

海洋探索

我们对月球表面的了解要比对地球海洋的多。为了帮助探索海洋深处，科学家们使用一种小型水下航行器，如图中所示的“深海号”。它们中的一些能搭载少数几位船员，有些则根本没有船员。

冷海水
水温约2°C的冷海水从大洋底部渗出。

在热水中生活

在20世纪70年代，科学家们惊奇地发现，许多动物和被称为细菌的微生物存在于海底热泉周围那黑暗、灼热而富含矿物质的水域中。

雪人蟹
这种毛茸茸的深海蟹发现于2005年，它是一种盲蟹，靠吃细菌生存，体长可达15厘米。

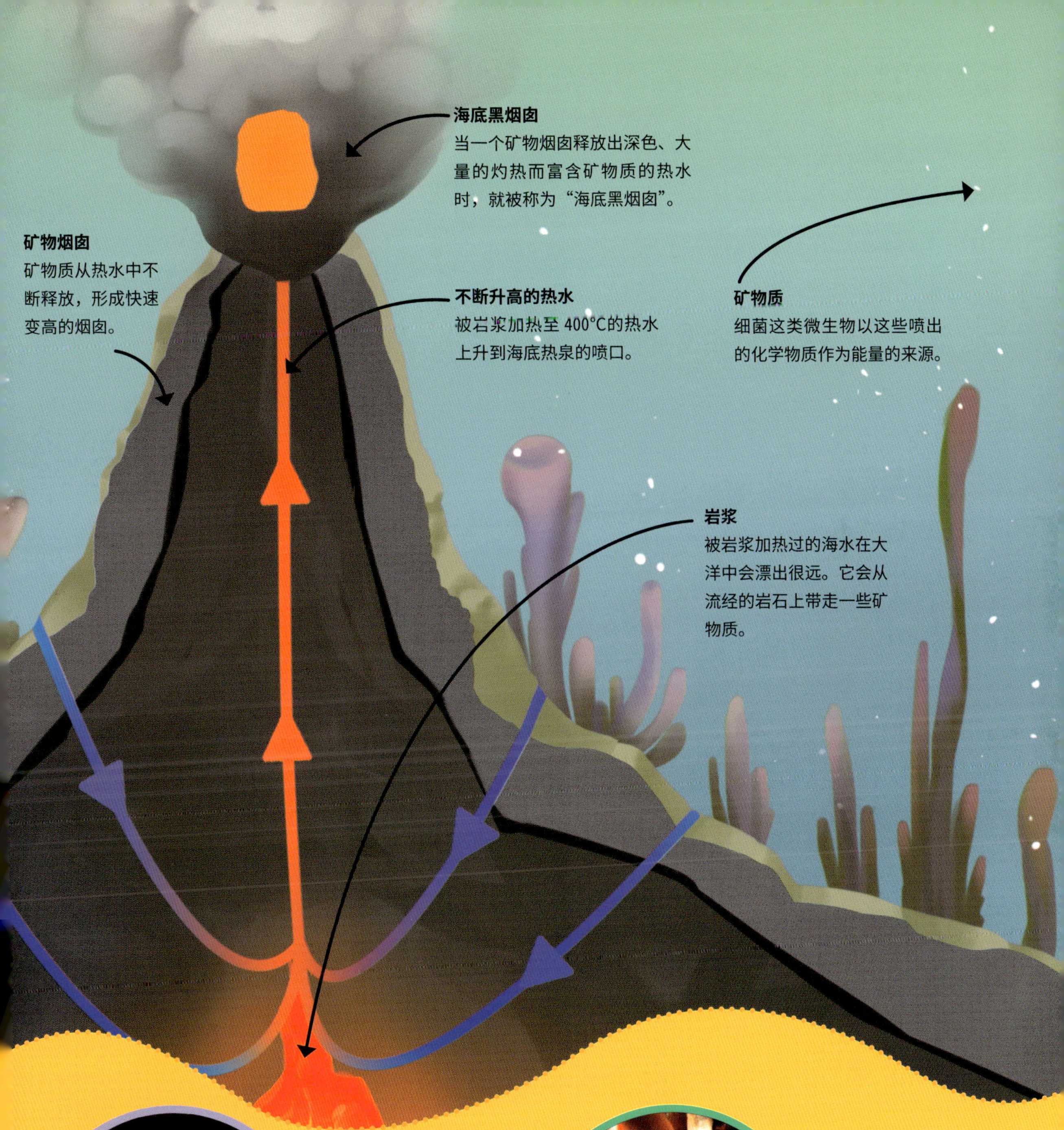

深海鳞片蠕虫
这只长2.5厘米的小虫子，正张开嘴吃晚饭。

巨型管状蠕虫
这些红头蠕虫能长到2.4米长。它们以细菌为食，如果受到威胁，就躲进自己的管子里。

太空中的火山

火山不仅塑造了地球，还塑造了太阳系中的其他行星以及它们的卫星。太空中的火山大部分已经“死亡”了数百万年，但有些仍然很活跃。我们对这些火山的大部分知识都来自叫作空间探测器的航天器。

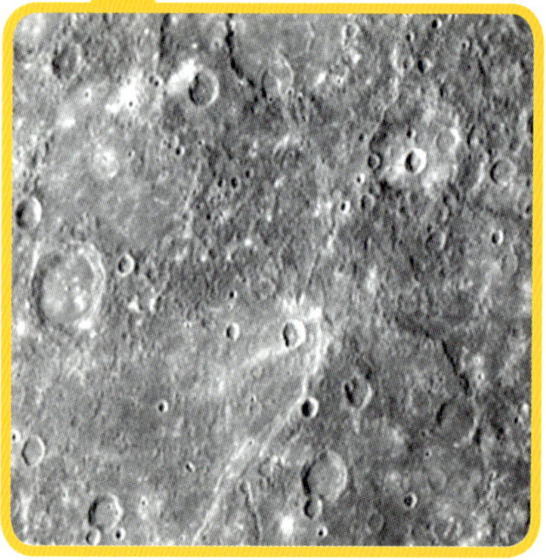

水星的表面

水星的表面没有活火山，然而，在水星上却发现了许多环形山。它们是数十亿年前小行星和彗星碰撞的结果。之后，火山熔岩流使这些巨大的火山口内部变得光滑无比。

马特山

金星上有1000多座火山，最高的是马特火山，高度为8千米。厚厚的云层环绕着这颗星球，但是科学家仍然可以用雷达观测它的表面。他们认为，金星上仍然存在着一些活跃的火山。

奥林帕斯山

火星上有着太阳系中已知的最大的火山，叫作奥林帕斯山，高25千米，几乎是地球上的珠穆朗玛峰的3倍高！科学家们还不能确定火星上的火山是否还在活动。

2007 年，“新地平线号”探测器对木星进行探测。

探索太阳系

空间探测器是人们从地球发射出的用于探测太空的航天器。它们拍摄照片并收集信息，然后送回地球。一些探测器以轨道方式围绕着行星或卫星飞行，其他的探测器只在飞过的天体时候才收集信息，还有一小部分会在天体上着陆。探测器帮助我们了解太阳系，它在太空中发现了许多火山。

木卫一

在木星的一颗卫星——木卫一上发现了数百座活火山。一些正剧烈喷发，喷射的气体和尘埃柱绵延数百千米。还有一些火山形成了巨大的火山口和熔岩湖。这颗卫星上还有 500 千米长的熔岩流。

土卫二

作为土星的卫星之一，土卫二上有巨大的间歇泉，间歇泉从隐藏在土卫二冰层下的海洋中喷出水和气体。这种间歇泉被称为冰冻火山，或者冰火山。

海卫一

海王星最大的卫星海卫一和土卫二一样，拥有间歇泉，它们喷涌出氮柱和暗尘。在被风吹走前，柱状的气体可以升高到 8 千米高空，在卫星表面留下长长的黑色条纹。

一些有关火山的事实和数字

火山是一个引人入胜的话题，下面是一些你可能从未知道的、不可思议的事实。

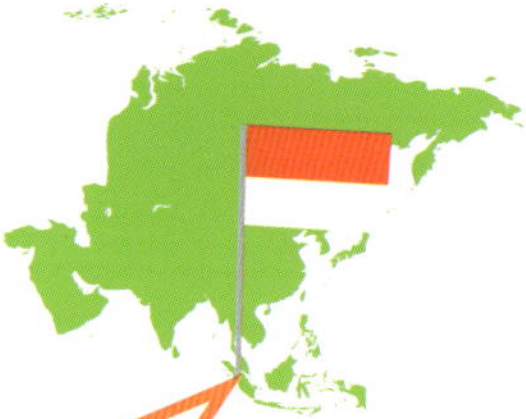

印度尼西亚

它是世界上拥有活火山最多的国家，处于观测状态的活火山就有76座！

7.4 万年前，印度尼西亚一座名为多巴的超级火山喷发，使世界陷入了长达 10 年的寒冷期。

20

地球上平均每天有 20 次火山喷发。

3亿

有 3 亿人被认为生活在活火山的喷发范围内。

1991年，菲律宾皮纳图博火山排放出2200万吨有毒气体二氧化硫，这次火山喷发使全球气温降低了0.5℃。

目前世界上最活跃的火山是美国夏威夷的基拉韦厄火山，自1983年以来一直在喷发。

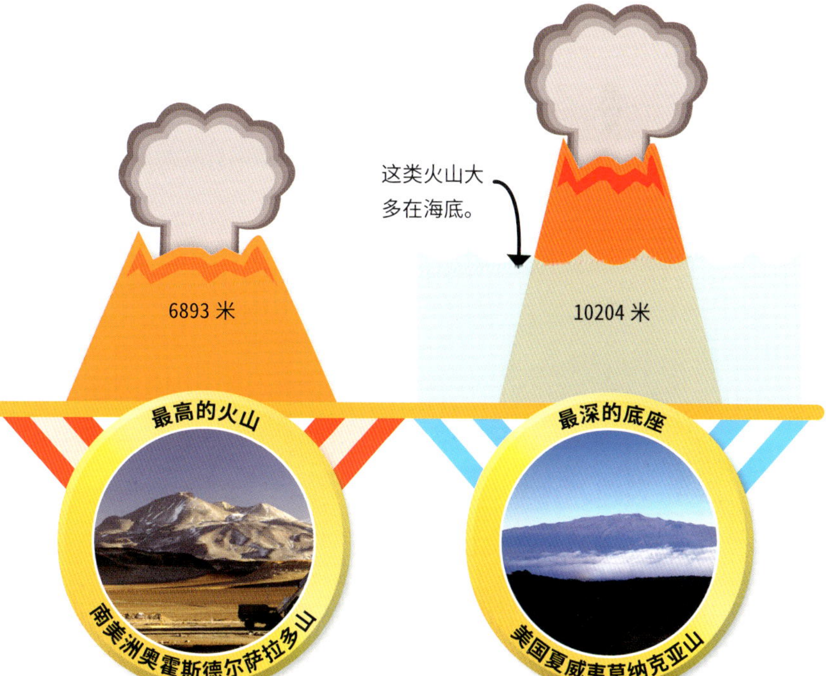

这座火山的顶峰高耸入云。

这座火山的底部深藏在大洋深处。

75%

环太平洋火山带上的火山占地球火山总量的75%。

词汇表

以下是对一些词汇的解释，这些词汇在你了解火山相关知识时很有帮助。

板块　地球表层巨大而缓慢移动的部分

板块边界　两个及两个以上板块相互碰撞的地方

超级火山　喷发量是其他火山1000倍的火山

成层火山　由许多层状熔岩和火山灰组成的，两侧大而陡峭的火山

大陆地壳　分布在大陆上和被海水淹没的大陆部分的地壳

地核　地球的中心部分，由铁和镍构成

地壳　地球由岩石组成的固体外层

地幔　地壳与地核之间厚厚的热岩层

地震　地壳板块移动或火山活动引起的地表震动

盾形火山　火山类型之一，两侧微微倾斜，形状就像是古代战士用的盾牌

浮石　一种充满孔洞的凝固的熔岩，质量很轻

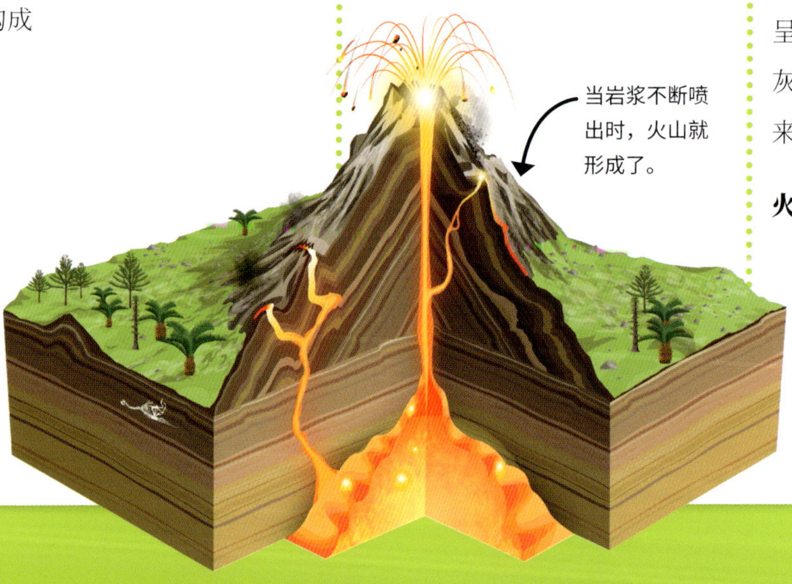

海底黑烟囱　位于海底的喷溢海底热泉的出口，能喷出乌云般的滚烫热水和矿物质

海底火山　完全沉入海面的火山

海啸　地震或火山喷发产生的巨大海浪

滑坡　松散的土壤和岩石在陡峭的斜坡上滑动，就会形成滑坡

环礁　形成于缓慢下沉的火山周围的环形珊瑚礁

汇聚边界　构造板块相互碰撞的地方

海洋地壳　位于大洋盆地下的地壳

活火山　即现在正在喷发，或在过去1万年间有喷发记录的火山。

火山　火山是地壳的开口，通常呈现山脉的形状，岩浆、火山灰、岩石和气体从火山中喷发出来，有时会伴随巨大的爆炸

火山灰　从火山喷发出的熔岩所形成的微小固体颗粒。

火山口 因火山熔岩、火山灰、岩石和气体喷发在地壳表面形成的孔洞

火山泥流 混合着火山灰和其他碎屑（如岩石）的泥石流

火山气孔 存在于火山区地表的孔洞，有蒸汽和气体从中逸出

火山塞 大量熔岩变硬并堵住火山口

火山碎屑流 火山喷发时生成的热气、火山灰、浮岩和岩石在迅速滑下火山斜坡时，就形成了火山碎屑流

火山学家 专门研究火山的科学家

火山锥 火山类型中的一种，由冷却的熔岩碎片构成

间歇泉 一种能喷出柱状热水和蒸汽的温泉

离散边界 构造板块彼此远离的地方

泥温泉 火山地区沸腾的泥浆池

喷发 熔岩、火山灰、岩石或气体从火山中喷出或流出

破火山口 一种巨大的火山喷口，可能是在一次大规模火山喷发后形成的

热点 地球内部灼热的岩石以羽状或柱状形态升起，进入地壳并最终喷发形成火山，这样的区域称为热点

熔岩 从火山中流出的灼热的熔化的岩石

石笋 从洞穴地面上慢慢长出的尖尖的岩石

死火山 至少有1万年没有喷发的火山

温泉 位于火山附近，地下的热水冒出地表的区域

斜度仪 用来测量地面坡度或倾斜度变化的仪器，可以用来预测火山喷发

休眠火山 过去几千年内没有喷发，但未来有可能喷发的火山

玄武岩 富含铁和镁元素的火山岩或熔岩

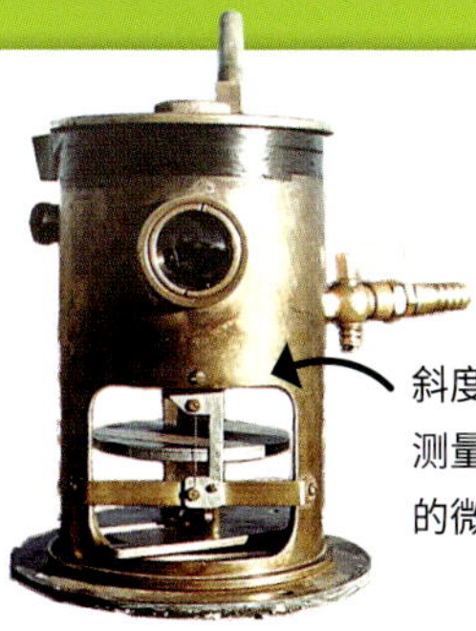

斜度仪被用来测量火山坡度的微小变化。

岩浆 地表下炽热的熔化的岩石

溢流玄武岩 大面积的土地被一种叫作玄武岩的熔岩厚厚地覆盖着

钟乳石 一种挂在山洞顶上的岩石，看起来就像冰柱

转换边界 板块间相互走滑的地方

索引

致谢

感谢以下人士在编写本书时给予的帮助： 感谢凯瑟琳·蒂斯在编辑工作上的协助，感谢亚历山德拉·比德的校对，感谢海伦·彼得斯编写索引。除此之外，出版公司还想感谢吉尔·乔莉博士接受“对话专家”部分的访谈，还要感谢马克·巴克利在地质学方面提供的知识。本书的插画由丹·克里斯普完成。

本书出版商由衷地感谢以下名单中的人员提供照片使用权：
t=顶端, a=上方, b=下方, l=左侧, r=右侧, c=中间, f=底图

2 Alamy Images: A & J Visage (bl). **Corbis:** Frans Lanting (bc). **2-3 Alamy Images:** Michele Falzone (b). **3 Alamy Images:** Tom Pfeiffer (cb). **Dorling Kindersley:** Natural History Museum, London (fcr, fcrb, crb, crb/ gemstone, cr). **Dreamstime.com:** Odua (bc). **4 NASA:** (cl). **4-5 Dorling Kindersley:** Dan Crisp. **8 Alamy Images:** Tom Bean (bl); Martin Strmiska (tr). **11 Alamy Images:** Accent Alaska.com (clb); Brian Overcast (tl); Douglas Peebles Photography (bl); Marek Zuk (tr); Dave Stamboulis (br). **Corbis:** Michele Falzone / JAI (crb). **Dreamstime.com:** Craig Hanson / Rssfhs (cra); Lex Schmidt / Lexschmidt (cla). **12 Alamy Images:** Nature Picture Library (cl); Robertharding (cr). **Corbis:** Rolf Schulten / imageBROKER (cla). **Dreamstime.com:** Alfonsodetomas (cra). **13 Alamy Images:** CVI Textures. **14 Alamy Images:** Mauricio Alvadorado / COLPRENSA / Xinhua (cla). **Getty Images:** Archive Farms / Contributor. **NASA:** (bl). **15 Alamy Images:** Tom Pfeiffer (t). **Corbis:** (b). **16 Alamy Images:** Dennis Hallinan. **17 Alamy Images:** USGS (t). **Rex Shutterstock:** KPA / Zuma / REX (br). **20 Alamy Images:** Leonid Plotkin (cra); Richard Roscoe / Stocktrek Images (br). **Dorling Kindersley:** Eden Camp Museum, Yorkshire (bc). **Dreamstime.com:** Tibinko (bl). **21 Alamy Images:** Aflo Co., Ltd (tl); Richard Roscoe / Stocktrek Images (tr); Jeff Smith (bl); David Cole (br). **22-23 Dorling Kindersley:** Dan Crisp (Vulcan, Pele, Surtr, Fuchi). **23 Alamy Images:** Andrei Nekrassov (br). **Corbis:** Paul Souders (bc). **24-25 Dorling Kindersley:** Dan Crisp. **26-27 Corbis:** Thierry Orban / Sygma (c). **26 Corbis:** Louise Gubb (bc). **27 Corbis:** Peter Turnley (bl). **28-29 Dreamstime.com:** Klikk. **29 NASA:** Jeff Schmaltz / MODIS Rapid Response Team (cra). **30 Alamy Images:** Dennis Frates (cl). **31 Alamy Images:** Dinodia Photos (cl). **Corbis:** Serguei Fomine / Global Look (br); Sergey Krasovskiy / Stocktrek Images (cra). **Dreamstime.com:** Odua (fcl). **33 Corbis:** Christophe Boisvieux (bl); Frans Lanting (ca). **34 Alamy Images:** Imagebroker (clb). **Photoshot:** Xinhua (br). **35 Alamy Images:** Imagebroker (cl); Lilyana Vynogradova (cr). **Corbis:** YNA / epa (bc). **36 Alamy Images:** Michele Falzone (cl). **Fotolia:** Yong Hian Lim (br). **37 Dorling Kindersley:** Natural History Museum, London (tr/4 uses, tr/5 uses). **Dreamstime.com:** Samotrebizan (bl). **38 Alamy Images:** epa European Pressphoto Agency creative account (bl). **39 Alamy Images:** Olga Kolos (br); A & J Visage (bl). **Dorling Kindersley:** Dan Crisp (tr). **40-41 Corbis:** Marco Restivo / Demotix. **42 Science Photo Library:** Jeremy Bishop. **43 Alamy Images:** NG Images (crb). **44 Dreamstime.com:** Ronald Van Der Beek / Uzuri (c). **U.S. Geological Survey:** (cl, br). **45 Dorling Kindersley:** Dan Crisp (c). **U.S. Geological Survey:** (br). **46 Corbis:** Fadil Aziz / Alcibbum Photograph / Alcibbum Photography (cr). **NASA:** GSFC / MITI / ERSDAC / JAROS, and the U.S. / Japan ASTER Science Team (br). **47 Alamy Images:** Cultura RM (tc); Brian Scantlebury (cb). **Corbis:** Christian Heinrich / Imagebroker (cl); Valentin Weinhäupl / Westend61 (bl). **48 Dorling Kindersley:** Dan Crisp (all 3 illustrations). **50 Getty Images:** Eric Vandeville / Contributor (c). **51 Alamy Images:** Manfred Gottschalk (c). **52-53 Corbis:** Lothar Slabon / Epa. **52 NASA:** Earth Observatory image by Jesse Allen, using Landsat data from the U.S. Geological Survey (cl); Earth Observatory image by Jesse Allen, using Landsat data from the U.S. Geological Survey. Caption by Kathryn Hansen (clb). **53 Alamy Images:** Arctic Images (br); Andrew Walmsley (cb). **Dorling Kindersley:** Robert Royse (fcrb). **54 Alamy Images:** AF archive (tr); Jeff Rotman (cla). **naturepl.com:** David Shale (bc). **55 Corbis:** Ralph White (bc). **Science Photo Library:** Philippe Crassous (bl). **56 NASA:** (cra, fcra); JPL / Northwestern University (cl); JPL-Caltech (cla); JPL (c, cla/ Venus). **57 NASA:** (c); JPL / USGS (cl); JPL-Caltech / Lunar & Planetary Institute (cr); NASANewHorizons (t). **58 Dorling Kindersley:** Dan Crisp (c). **59 Alamy Images:** Greg Vaughn (cra). **Corbis:** Ed Darack / Science Faction (bl). **NASA:** Jacques Descloitres, MODIS Land Rapid Response Team at NASA GSFC (br). **60 Dorling Kindersley:** Dan Crisp (tl, bl). **61 U.S. Geological Survey:** (tr)

Cover images: *Front:* **Dorling Kindersley:** Dan Crisp cra, Eden Camp Museum, Yorkshire fcra, Natural History Museum, London cr, fcr; *Back:* **Dorling Kindersley:** Natural History Museum, London clb; *Spine:* **Dorling Kindersley:** Natural History Museum, London; *Front Flap:* **Alamy Images:** epa European Pressphoto Agency creative account cl/ (front), Olga Kolos tc/ (front), tc/ (front), A & J Visage cr/ (back); **Corbis:** Lothar Slabon / Epa br/ (front); **Dorling Kindersley:** Robert Royse tr/ (back); **Dreamstime.com:** Oriontrail clb/ (front); **Fotolia:** Yong Hian Lim br/ (back); *Back Flap:* **Dorling Kindersley:** Gary Ombler / The University of Aberdeen cl; **NASA:** JSC cb; *Back Endpapers:* **Dorling Kindersley:** Museo Archeologico Nazionale di Napoli 0 (Pompeii), Natural History Museum, London 0 (Pocket watch), 0 (Volcanic ash); **Fotolia:** Pekka Jaakkola / Luminis 0 (Aeroplane); **Rex by Shutterstock:** Universal History Archive\UIG 0 (Mt. St. Helens)

我已经获取的知识：

火山喷发大事年表

公元前 72000 年

人类历史上最大的一次火山喷发

位于印度尼西亚的多巴火山喷发了。这次喷发产生的岩浆和火山灰是人类历史上最多的，火山灰足足遮住了阳光一年时间！

浮石，又称轻石或浮岩，熔化的岩石内部充满了沸腾的气体，岩石迅速冷却后，岩石内部聚积了大量的气泡，就形成了浮石。

公元前 1620 年

希腊的圣托里尼岛

这次火山大喷发后，厚达 60 米的浮石掩埋了整个圣托里尼岛。

公元 79 年

意大利的维苏威火山

维苏威火山，位于意大利南部，被誉为“欧洲最危险的火山”。它在公元 79 年的大喷发，摧毁了罗马的庞贝城和赫库兰尼姆城，成千上万的人因此丧命。

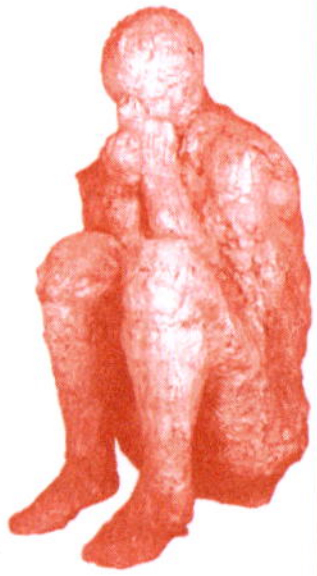

1783 年

冰岛的斯卡夫塔火灾

一条长 27 千米的裂缝裂开了，喷涌出火山岩浆。这次火山喷发产生的火山灰和有毒气体造成冰岛农场上 75% 的动物死亡。

1815 年

印度尼西亚的坦博拉火山

世界上最致命的一次火山喷发，导致 9 万人死亡。

坦博拉火山喷发产生的火山灰让很多地方变得暗无天日。

1883 年

印度尼西亚的喀拉喀托火山

这次大喷发炸开了喀拉喀托岛，在洋底留下了一个 290 米深的火山口。

1883 年的这次喀拉喀托火山大喷发是人们听到的动静最大的一次火山喷发。

1902 年

马提尼克岛的培雷火山

圣皮埃尔城里只有两个人在这次火山大喷发中幸存下来，而且其中一个当时在牢房里！

1902 年的培雷火山大喷发让这块手表停了下来。后来人们在圣皮埃尔城里被烧焦的遗骸上发现了这块手表。

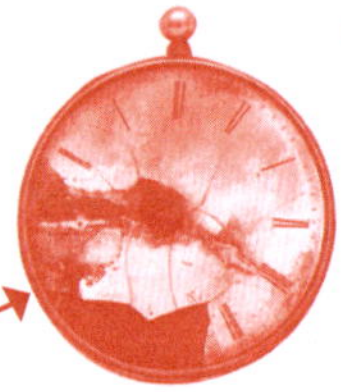

1912 年

美国阿拉斯加州的诺瓦鲁普塔火山

这是 20 世纪最大的一次火山喷发。